TEMA 51

LOS PROBLEMAS AMBIENTALES Y SUS REPERCUSIONES POLÍTICAS, ECONÓMICAS Y SOCIALES. SALUD AMBIENTAL Y CALIDAD DE VIDA. LA EDUCACIÓN AMBIENTAL.

0. INTRODUCCIÓN

En el presente tema vamos a centrarnos en el estudio de algunos aspectos de los problemas ambientales relacionados con la salud, la calidad de vida, la economía y la política. Es decir, las repercusiones que estos problemas tienen en los distintos aspectos de la sociedad, así como los modos de solucionarlos desde la misma sociedad.

Se podrían tratar muchos aspectos de este tema y de muchas maneras, pero vamos a centrarnos en aquéllos más relevantes, intentando no profundizar mucho en ninguno de ellos por tal de poder tratar todos los aspectos generales de manera más adecuada.

El estudio del medio ambiente, su funcionamiento y sus alteraciones, nos ayudarán a concienciarnos de su importancia para el medio natural general, así como para el bienestar del propio ser humano. Así, es muy importante conocer bien cómo es para poder actuar de manera más consciente y respetuosa con éste.

Para la exposición de este tema seguiré el siguiente orden...

(es muy conveniente exponer con claridad, aquí al principio, el orden que se va a seguir, leer el índice de una forma ágil)

1. LOS PROBLEMAS AMBIENTALES

El ser humano vive sobre un medio que está alterando. Con paso de la historia, esta alteración está alcanzando un abanico de acción cada vez más amplio, llegando, hoy día, a tener una escala prácticamente global. Esto se debe a que las actuaciones que se realizan sobre se hacen, en muchas ocasiones, de forma imprudente y arriesgada.

Las intervenciones más importantes que el ser humano realiza sobre el medio ambiente se pueden agrupar en tres grandes grupos:

- **Agricultura**. Es la base de la producción de alimento; para incrementar su producción se han labrado nuevas tierras y se han utilizado técnicas intensivas, utilizando para ello abonos químicos, pesticidas, etc.

- **Ganadería**. Ante la demanda de alimento de la población creciente, la ganadería se intensifica, generando problemas sobre todo a nivel local, pero también globalmente.

- **Industria**. Las sociedades más avanzadas necesitan una industria fuerte que las sustente. Ésta puede dividirse tanto en química como en energética. Ambas generan problemas ambientales que afectan a nivel global y a largo plazo.

Como consecuencia de esta actividad, se producen impactos sobre:

- **La atmósfera**.

- **La hidrosfera**.

- **La litosfera**.

Por comentar algunos datos, desde principios del siglo XX la población mundial se ha multiplicado por 3, la economía ha sufrido una evolución que podría estimarse en 20 veces la inicial. El consumo de combustibles fósiles también ha crecido enormemente: se consume 30 veces más que a principio de siglo y la producción industrial ha crecido en 50 veces la inicial. Toda esta evolución no ha ocurrido de forma uniforme, si no que se ha ido acelerando hacia la historia más reciente.

2. REPERCUSIONES POLÍTICAS, ECONÓMICAS Y SOCIALES DE LOS PROBLEMAS AMBIENTALES

En el mundo se podrían considerar dos grandes sistemas político-económicos diferentes: el *socialismo* y el *capitalismo*. No obstante, en muchas ocasiones se da una mezcla entre ambos, además de otras nuevas tendencias que aparecen día a día que, si bien minoritarias, representan a un sector de la población. Ambos sistemas tienen maneras distintas de enfocar y tratar los problemas ambientales.

Si tomamos el sistema de desarrollo general de los "países desarrollados" o "países del norte", vemos que se da un modelo desarrollista que afronta los problemas, en este caso ambientales, una vez éstos están generados, no antes. Por ejemplo, conociendo el origen de una enfermedad, se prefiere aplicar soluciones curativas más que preventivas.

Como aspecto positivo, este modelo intenta aumentar la calidad de vida, hablando en términos generales y considerando todo lo que ello engloba. La parte negativa es la existencia de una tendencia, si bien a largo plazo, que lleva consigo el deterioro del medio ambiente.

Dentro del modelo capitalista surge una nueva tendencia, el **ambientalismo**, que es una teoría que concibe la naturaleza al servicio del hombre, como un conjunto de recursos a utilizar, siendo la dinámica y el bienestar de ésta algo secundario al progreso del hombre.

A partir de los años 60, surgen los movimientos en contra de la contaminación atmosférica que dieron lugar a la formación de grupos ecologistas, que en los años 70 y 80 se fueron introduciendo en la política. Esto hizo que naciera una preocupación por el medio ambiente en los países desarrollados. Sin embargo, esta tendencia se encontró con un gran problema, ya que en estos países el desarrollo económico y social primaba sobre la conservación del medio ambiente.

En resumidas cuentas, todo este sistema económico que tenemos actualmente es el responsable de los problemas ambientales que existen hoy en día, pues este sistema económico funciona mediante:

- un uso intensivo de la energía,

- un elevado consumo de materias primas,

- la aparición y utilización de innovaciones tecnológicas, que se renuevan constantemente,

- La explotación masiva de los recursos para obtener el máximo de beneficios.

Como consecuencia de este modelo de desarrollo, se genera una serie de consecuencias sobre el sistema ecológico global tales como:

- el aumento del efecto invernadero

- disminución del grosor de la capa de ozono, problema conocido comúnmente como el *agujero de la capa de ozono*

- aparición de lluvia ácida en zonas industrializadas, sobretodo en Europa y Norteamérica

- destrucción de bosques y suelos, que lleva a procesos de desertización

- incremento de la eutrofización en mares periféricos

- desaparición de especies

- agotamiento de recursos (acuíferos, pesca...)

- contaminación de aguas continentales y de la atmósfera

A su vez, todo esto repercute, y sobretodo repercutirá en un futuro no muy lejano, sobre los sistemas *económicos*, ya que aumentará el coste de explotar los recursos, *políticos* y *sociales*, como el hambre, la inestabilidad social, crisis...

Por otro lado, y en contraposición a todo el sistema actual, se plantea un cambio de rumbo en el desarrollo hacia tendencias más sostenibles. Así, preguntarse por "¿qué planeta deseamos?" es preguntarse por:

- qué especies se quieren conservar

- qué espacios se van a preservar y cómo

- cómo se van a proteger los ecosistemas (control y uso)

- cuál será la medida de explotación de los recursos

Mientras que los países preindustriales conservaron su medio por propia experiencia, los países industrializados son los mayores generadores de los daños medioambientales. También es cierto que en manos de éstos últimos, sobre todo, están las iniciativas para proteger el medio natural.

Otro aspecto a destacar es que los problemas sociales y económicos acaban repercutiendo aún más negativamente en el medio, agotando los recursos y degradando los ecosistemas. Esto obliga, como contrapartida, a los refugiados a emigrar a otros países. Además, esto genera aún más deudas económicas y pobreza.

Las subvenciones, por su lado, en muchas ocasiones están mal enfocadas, pues mantienen los cultivos en tierras marginales y facilitan la roturación de nuevas tierras de cultivo, aumentan el uso de aguas subterráneas, de pesticidas y de abonos. Como consecuencias de todo esto, se generan barreras comerciales para países en desarrollo, en contraposición de la sobreproducción en países industrializados.

Como conclusión de todo esto, un plan social y económico sostenible con el medio ambiente ha de tener en cuenta aspectos como los que siguen:

- las medidas de desarrollo local deben realizarse en consonancia con los objetivos ambientales globales

- una conciencia adaptada a un desarrollo sostenible debería de tener en cuenta que la especie humana forma parte de la Naturaleza y no se encuentra, por el contrario, por encima de ésta

- el impuesto ecológico por el uso de la energía o por la contaminación sería una propuesta interesante a tener en cuenta

3. SALUD AMBIENTAL Y CALIDAD DE VIDA

3.1. Relación entre salud ambiental y calidad de vida

La salud ambiental y la calidad de vida están íntimamente relacionadas. De hecho, existe una relación patente entre el mayor deterioro ambiental y los gastos sanitarios que se generan. Por ejemplo, medida que incrementa la contaminación atmosférica aumenta el ingreso hospitalario de niños y ancianos por problemas respiratorios.

Nuevos estudios en medicina atribuyen la causa de muchas enfermedades que inciden con más frecuencia en las grandes ciudades y áreas industrializadas a los contaminantes ambientales. Un ejemplo es el Alzheimer, favorecido por agua con aluminio, o el cáncer que puede ser favorecido por algunas sustancias químicas. A pesar de estas evidencias, se desconocen los efectos concretos, especialmente a largo plazo, de la mayoría de los compuestos químicos que se utilizan hoy día en la industria, en general.

Con el devenir del tiempo, la esperanza de vida ha ido aumentando en las sociedades más industrializadas. Junto con este hecho, también se hace patente que esto ha permitidos que se disponga de más tiempo para que haya una mayor afección de enfermedades derivadas del ambiente, sobre todo en adultos.

En el problema de las enfermedades relacionadas con la contaminación y otros es que es difícil establecer una relación causa-efecto. Se conocen efectos a concentraciones más o menos elevadas, pero no tanto a exposiciones prolongadas a concentraciones menores. No es solamente la afección de un contaminante, sino que entran en juego muchos factores (nutrición, hábitos...). Esto hace que sea bastante difícil crear leyes contra la contaminación, ya que es difícil de focalizar el punto de acción concreto.

En los años 20, Russel demostró la relación entre las brumas de Londres y el incremento de número de muertes por enfermedades respiratorias o similares. Esto pudo llevar la tomar medidas legales para controlar la contaminación del aire.

A lo largo de la historia han ocurrido otros ejemplos similares:

-   En 1930, en el valle de Meuse, Bélgica, el incremento de industrias en este valle cerrado junto con una inversión térmica larga hizo que se produjeran 16 muertes en una semana y una gran cantidad de enfermos.

- En Donara, EEUU, en 1948, en un valle húmedo, sin viento, con inversión térmica y niebla hubo 20 muertos al tercer día y cerca de la mitad de la población estaba enferma.

- En Londres, en diciembre de 1952 se comprobó que la inversión térmica produce la niebla y ésta provoca más muertes que en cualquier otra época del año en que el ambiente está despejado. Esto llevó a promulgar la *Ley de Aire Limpio*.

Las afecciones principales de la contaminación atmosférica son:

- **Bronquitis.** Es una inflamación de la mucosa de los bronquios al intentar atrapar las partículas que contiene el aire que entra a los pulmones. Puede llegar a ser crónica, generándose como un mecanismo permanente de defensa ante elevadas concentraciones de partículas. Además, puede dar pie a otras patologías.

- **Cáncer de pulmón.** Es producido por sustancias como el arsénico, el molibdeno, el berilio o el benzopireno, presentes en los cigarrillos, en las combustiones de automóviles o en los desechos de ciertas actividades industriales.

Por otro lado, también cabe destacar que estas afecciones tienen una mayor incidencia en zonas industriales y urbanas que no en las rurales.

3.2. Contaminantes atmosféricos más importantes

La contaminación atmosférica no sólo afecta al hombre, sino también la de las aguas, suelos, mar..., y lo hace de maneras diversas: acumulación de tóxicos, incremento de patógenos... Veamos algunos contaminantes más importantes:

- **Monóxido de carbono (CO).** Es un gas frecuente en la combustión de carbón y petróleo o sus derivados. En concentraciones normales, se encuentra en el aire atmosférico entre 0.1 y 0.2 ppm, pero en algunas zonas urbanas llega hasta las 30 ppm. El principal problema que genera es que se une a la hemoglobina con más afinidad que el oxígeno, por lo que la inutiliza. Afecta aún más negativamente a personas con enfermedades respiratorias y cardiacas.

- **Dióxido de azufre (SO_2).** Este gas se genera, al igual que el anterior, por combustión de carburantes fósiles. La concentración normal es de 0.0002 ppm, mientras que la concentración permitida, legalmente, es aproximadamente de 1 ppm. Es el principal responsable de la lluvia ácida, que además de afectar a los vegetales, disminuye la visibilidad, corroe piedras y metales y disminuye el pH de los lagos. Como gas, posiblemente afecte al sistema respiratorio, aunque su acción no es bien conocida.

- **Óxidos de nitrógeno (NO_x).** Con estas siglas se conoce a un conjunto de gases que está formados por nitrógen y oxígeno. Producen *lluvia ácida* y *bruma fotoquímica*, además de destruir el ozono estratosférico. Se generan en combustiones a alta temperatura, por asociación entre el nitrógeno y el oxígeno en la combustión. La concentración normal es de aproximadamente 0.1 ppm. A concentraciones de entre 10 y 40 ppm produce fibrosis pulmonares y efisemas. También provoca enfermedades respiratorias e irritación de los ojos.

- **Ozono (O_3).** Es el principal contribuyente de la conocida *bruma fotoquímica*. Normalmente está por debajo de los 0.02 ppm en una atmósfera pura. A unos 0.25 ppm provoca ataques a personas asmáticas. A concentraciones entre 1.5 y 2 ppm produce anomalías respiratorias y disminución de la capacidad mental. Podría también favorecer el desarrollo de tumores y acelerar el envejecimiento.

- **Plomo.** Se trata de un metal pesado que daña las células de la sangre inhibiendo determinadas enzimas; también provoca lesiones cerebrales en niños. Se utiliza como antidetonante en carburantes y en pesticidas; otra fuente importante viene de la quema de hidrocarburos. También se encuentra en pinturas. Este elemento tiene la particularidad de irse acumulando en el organismo.

3.3. Contaminantes en la alimentación

Por medio de la alimentación también nos pueden entrar gran cantidad de contaminantes. Destacamos dos:

- **Fertilizantes químicos.** Principalmente son nitratos y fosfatos, que son los más utilizados en agricultura intensiva. Se acumulan en el suelo, pero pasan a la alimentación humana a través del agua o de los alimentos, produciendo metahemoglobinimia (síndrome del niño azul) en la que iones de nitrógeno bloquean el transporte de oxígeno; esto ocurre a concentraciones de entre 8 y 9 ppm. A más de 50 ppm se produce además deficiencia de vitamina A, perturbaciones en la tiroides, abortos o dificultades reproductivas... Los nitritos pueden transformase en nitrosamina que es cancerígeno; también se pueden producir a partir de nitritos cuando se fríen alimentos.

- **Pesticidas.** Las prácticas agrícolas hacen que haya más plagas y esto conduce al uso de más productos químicos para combatirlas (insecticidas, fungicidas y herbicidas). Todo esto hace que ingresen en la cadena trófica estos productos a través de los vegetales. Algunos de estos productos, hoy en día, ya están prohibidos (DDT, dieldrín, lindano), ya que se acumulan en el organismo produciendo la muerte a elevadas concentraciones, pero con efectos poco conocidos a dosis subletales. No obstante, se cree que podrían afectar a las conductas reproductivas. Otros, como el DDVP actúan por dosis: en dosis bajas afectan a insectos, pero no al hombre, pero en dosis mayores sí. Otros podrían producir mutaciones.

3.4. El ruido

Aquí vamos a considerar el ruido como sonido no deseado, normalmente de elevado nivel sonoro. Es un aspecto subjetivo ya que para diferentes personas o diferentes situaciones un sonido puede resultar molesto o no serlo en absoluto.

El sonido queda caracterizado por su:

- Velocidad (que en el aire es de unos 340 m/s)

- Frecuencia

- Periodo (inverso de la frecuencia)

- Longitud de onda

- Potencia

Para medirlo se utiliza una unidad relativa denominada **belio**. El número de belios (B) es igual al $\log (W/W_0)$, donde W es la potencia sonora considerada y W_0 es una potencia de referencia.

En términos prácticos, debido a las diferentes escalas de ruido que es capaz de distinguir el ser humano, se suele utilizar como unidad de medida el decibelio (dB).

Así, el nivel sonoro mínimo que suele detectar una persona es de, aproximadamente, 1 dB. El nivel sonoro de un ambiente tranquilo es de unos 50 dB, mientras que el nivel que empieza a producir sensación de dolor es de aproximadamente 120 dB (sonido equivalente de un avión a reacción). Por encima de 120 dB se pueden producir lesiones irreversibles en el oído, tales como pérdida de audición. Estas lesiones también pueden producirse para niveles sonoros más bajos (por encima de 75 dB) si los tiempos de exposición son prolongados.

A medida que avanza el desarrollo de la historia del hombre, crece el nivel de ruido de la vida en sociedad, sobre todo en ciudades y alrededores. Además de producir lesiones auditivas, los tiempos de exposición elevados pueden producir lesiones psicológicas y fisiológicas (aceleración del pulso y de la respiración, tensión muscular... que conducen a la fatiga física e hiperactividad). También puede provocar irritabilidad, agresividad... El ruido atenta contra el descanso de las personas, impidiendo la recuperación nerviosa generada durante el día.

Además, todo esto puede tener otras repercusiones a largo plazo como puede ser la solicitud de bajas en los trabajos, lesiones en el sistema nervioso, trastornos psíquicos a largo plazo, etc.

3.5. La radiactividad

La radiación ionizante daña las estructuras biológicas, produciendo muerte celular, cáncer, mutaciones, anomalías en el desarrollo embrionario... además de tener un efecto es acumulativo.

Parte de ella tiene un origen natural en los rayos cósmicos, en la desintegración de los elementos de la corteza o en otros isótopos presentes en el medio. Por otro lado, también hay fuentes artificiales, producidas por la actividad antrópica, como las utilizadas para el diagnóstico médico, materiales de construcción, abonos fosfatados, centrales nucleares, explosiones nucleares, accidentes nucleares...

El problema principal de las centrales nucleares es el tratamiento de los residuos, así como el riesgo de accidentes, como el ocurrido en Chernóbil, en 1986 que, aunque puntuales y escasos, tienen una gran afección cuando se producen. Estos accidentes hacen que aumente el riesgo de cáncer, aunque es difícil achacarlo a las radiaciones ya que no se manifiestan hasta años después y, además, el cáncer producido por la radiación no tiene unas características específicas.

3.6. Otros agentes que afectan a la salud

Hemos hablado, hasta ahora, de algunos de los principales agentes que atentan contra la salud humana. No obstante, existen otros muchos, posiblemente con menor afección, pero que pueden alterar la calidad de vida a largo tiempo. Por esta razón, también se han de tener en cuenta. Algunos de ellos, por nombrarlos esquemáticamente, son:

- El *agujero de la capa de ozono*, que hace que entren más rayos UV y incremente el riesgo de cáncer al exponernos al Sol.

- El *efecto invernadero* produce un incremento en la temperatura global del planeta, aumentando así el riesgo de inundaciones y, por tanto, el número de fallecimientos, pérdidas económicas y decaimiento de la calidad de vida, en general.

- El *agotamiento de acuíferos* hace que se tenga que recurrir a aguas de peor calidad, siendo un riesgo para la salud.

- La *contaminación de aguas marinas*, que hace que disminuyan los bancos de pesca, entre otros efectos.

4. LA EDUCACIÓN AMBIENTAL

En los últimos años (sobre todo en los 60 y 70), ha tenido lugar una mayor preocupación por la cuestión ambiental, tanto a nivel de gobierno, empresas privadas o asociaciones privadas. En ocasiones, no obstante, se trata de simples ideologías para ganarse el favor de la gente, que no tienen una repercusión en la práctica real.

Para una defensa real del medio ambiente, se ha de informar al público para que sepa qué está pasando. Por otro lado, la información que le llegue ha de ser la correcta. Por todo ello, es necesario lo que genéricamente se conoce como *Educación Ambiental*.

En España, esta materia está introducida transversalmente en el currículo de la educación secundaria. Así, el Real Decreto 1002/1991 de 14 de junio, que desarrolla diversos aspectos de la LOGSE, en su artículo segundo pone como objetivo *valorar las repercusiones que sobre el medio físico tienen las actividades humanas y contribuir activamente a la defensa, conservación y mejora del mismo como elementos determinantes de la calidad de vida.* Además, en la enseñanza postobligatoria existen asignaturas específicas que tratan los problemas ambientales más directamente, como puede ser la asignatura de *Ciencias de la Tierra y del Medio Ambiente* en Bachillerato.

A nivel más internacional, encontramos acciones que promueven esta educación en temas ambientales. Este es el caso de la Conferencia de Tbilissi que en 1977, sentó las bases de la Educación Ambiental. Sus principales objetivos son conocer y enfocar las relaciones del hombre con el medio, la forma en que lo afecta y la forma en éste le afecta de nuevo. La Educación Ambiental debe estar orientada a problemas concretos y debe abordarlos de manera interdisciplinar. El objetivo sería que un individuo cualquiera del grupo social tome conciencia, dilucide causas y plantee soluciones. Para ello, es importante buscar una postura crítica en el individuo, lo que algunos suele denominar *moral ambiental*. También es importante integrar imperativos políticos, sociales, económicos y ecológicos a distintos niveles para que las acciones que se emprendan den los frutos que se esperan de ellas.

La Educación Ambiental también se puede entender como nexo de unión con la comunidad, como una expresión social de la vida cotidiana. Se trata de percibir el medio ambiente de forma global, y actuar en función de las necesidades.

Esta educación también ha de tener una visión de futuro en sintonía con cambios socioculturales de cada momento, aportando además una visión innovadora en el trato y gestión de los problemas ambientales de cada región y de cada momento.

Centrándonos en la Educación Secundaria, los temas ambientales se podrían tratar de manera interdisciplinar entre las diferentes asignaturas. Veamos una manera concreta de cómo podría esto llevarse a la práctica:

- Se elige un tema concreto y cada materia aborda los puntos que les corresponde propios de esa materia

- Se interconectan las ideas de las distintas materias y se extrae, al final de todo, un resumen (a modo de mural, pancartas, un escrito formal...), como conclusión del trabajo en clase. La duración puede llegar a ser incluso de un curso.

- Es muy importante, independientemente de los métodos que se utiicen, sacar conclusiones finales.

Para que esto tenga un mayor efecto, deberían tenerse en cuenta una serie de aspectos como:

- Que haya una intervención de distintos profesores mostrando sus diferentes puntos de vista o enfoques.

- Que se dé una intervención de diferentes profesionales (médico, arquitecto, administrador...) a los que el alumno pueda hacer preguntas, ya que así se aumenta la actitud de participación en vida social, y los alumnos conocen sus diferentes puntos de vista.

- Proponerse unos objetivos concretos e valorar su consecución al final del proceso.

Por otro lado, también hemos de ser realistas y ver que todo esto que hemos propuesto hasta ahora no se puede aplicar de la misma forma en todos los niveles escolares. Así, lo expuesto sería el grado máximo de consecución, lo ideal diríamos, pero se ha de ir adaptando a cada etapa y nivel y, sobre todo, a cada caso concreto de la realidad educativa, social y medioambiental del centro. También se ha de tener en cuenta la participación y el grado de consecución que son capaces de llevar a cabo los alumnos concretos.

También se puede educar en este tema en los centros escolares de otras formas, que pueden servir para varios niveles e, incluso, para otros sectores de la sociedad. Algunos casos concretos pueden ser, a modo de ejemplo:

- **Visita a centros de interpretación de parques Naturales o Nacionales.** Estas actividades acercan a los ciudadanos el entorno natural que les rodea, así como para ver sus objetivos y principales problemas a los que tienen que hacer frente. Son instrumentos de concienciación social.

- **Campañas, encuentros... pro-naturaleza.** La organización de determinadas actividades (conferencias, paseos por el campo, colaboración con algún proyecto...) ayudan a los ciudadanos a tomar conciencia del medio ambiente que les rodea, de los problemas que existen y de qué pueden hacer para solucionarlos.

5. CONCLUSIÓN

Para acabar, y a modo de resumen, hemos de decir que la acción del ser humano sobre el medio ambiente es muy diversa y compleja. Éste se aprovecha del medio que le rodea, como cualquier otro ser vivo; ahora bien, el origen de todos los problemas comienza en el momento en que se explota más el medio de lo que ésta puede dar de sí.

Dados estos hechos, es de vital importancia para el medio natural y para nosotros mismo, como un elemento más de este ecosistema, meditar sobre las acciones que estamos llevando a cabo y, como consecuencia de lo primero, generar y mantener acciones en favor del medio. Estas acciones repercutirán positivamente, con el tiempo, sobre nuestra propia salud y calidad de vida.

Enseñar todo esto a los más jóvenes es, por otro lado, un seguro de vida para nuestro futuro y el de nuestro planeta.

Bibliografía útil:

ANGUITA, F. y MORENO, F. (1993) "Procesos geológicos externos y geología ambiental", Ed. Rueda.

BARROSO, C. y otros (2004) "Investigaciones en educación ambiental: de la conservación de la biodiversidad a la particiapción para la sostenibilidad", Ed. Icona.

CRAIG, J. y VAUGHTAN, D.J. (2006) "Recursos de la Tierra: origen, uso e impacto ambiental", 3º ed. Ed.Pearson educación.

DOMÈNECH, X. (1991) "La contaminació atmosfèrica", Ed. Barcanova.

MARGALEF, R. (1974) "Ecología", Ed omega.

RIERA, P. (2000) "Evaluación de impacto ambiental" Ed. Rubes editorial.

SANZ, J.M. (1991) "La contaminación atmosférica", Publicaciones del MOPT.

SOLER, M.A. (1997) "Manual de gestión del medio ambiente", Ed. Ariel.

VV.AA. (2006) "Un viaje por la educación ambiental de España", Ed. Icona.

TEMA 52

ANATOMÍA Y FISIOLOGÍA DE LOS
APARATOS DIGESTIVO Y URINARIO
HUMANO. HÁBITOS SALUDABLES.
PRINCIPALES ENFERMEDADES.

0. INTRODUCCIÓN

Resulta curioso observar cómo el cuerpo humano, igual que el de muchos otros animales, no ha escogido un mecanismo masivo (posiblemente mucho más barato en términos energéticos) ni para la ingestión de materia ni para su eliminación. No todos los alimentos ingeridos son degradados en sustancias más pequeñas. Es más, de dos sustancias relativamente similares, como por ejemplo la amilosa del almidón (formada por glucosas cicladas en α y unidas por enlaces $1\rightarrow4$)(y la celulosa (formada por glucosas cicladas en β y unidas por enlaces $1\rightarrow4$), una se degrada y la otra permanece inalterada. Incluso esta última, en esta forma inalterada, resulta indispensable para un correcto funcionamiento del sistema de digestión.

Con el sistema de excreción pasa de forma muy similar. Las diferentes sustancias son eliminadas sólo después de una identificación, no sólo de su tamaño, sino de su identidad química. Por ejemplo, cationes monovalentes como el sodio y el potasio, que difieren básicamente en el grosor de su capa de hidratación son reabsorbidos con diferente intensidad.

En este tema, trataré de exponer los aspectos básicos de la estructura y el funcionamiento de estos sistemas encargados de la captación y degradación de los alimentos y de la eliminación selectiva de sustancias del cuerpo humano. Lo haré siguiendo el siguiente orden... (es muy conveniente exponer con claridad, aquí al principio, el orden que se va a seguir, leer el índice de una forma ágil)

1. ANATOMÍA Y FISIOLOGÍA DEL APARATO DIGESTIVO

Empezando con un breve comentario general sobre las funciones y la anatomía básica de este aparato, pasaré a comentar la estructura básica de la pared del tubo digestivo y de sus envolturas.

Posteriormente, en un recorrido a lo largo del tubo digestivo, realizaré una descripción detallada de la anatomía de cada zona y su contribución a la función digestiva global. Es decir, las cuestiones fisiológicas serán expuestas justo tras las anatómicas, porque me parece más clara la exposición.

1.1. Funciones del aparato digestivo: visión general

Podríamos señalar básicamente 6 tareas que realiza el aparato digestivo, en relación con los alimentos:

- Ingerirlos
- Segregar sustancias sobre ellos
- Mezclarlos
- Transportarlos
- Digerirlos (romperlos en fragmentos de menor tamaño, absorbibles)
- Absorber sus componentes
- Eliminar los restos materiales de todo el proceso

1.2. Anatomía del aparato digestivo: visión general y otras cuestiones iniciales

En una imagen rápida de la anatomía del aparato digestivo, que será ampliada posteriormente, vemos que se trata de un tubo de poco menos de 10 m, de anchura variable, en el que encontramos secuencialmente la cavidad bucal, la faringe, el esófago, el estómago, el intestino delgado, el grueso y el ano. A distintos niveles en este tubo, se vierten secreciones procedentes de glándulas anejas. Las principales son las salivales, el páncreas, el hígado y la vesícula biliar, aunque existen muchas más.

Antes de avanzar en una descripción más profunda, comentaré brevemente la estructura de la pared de este tubo y la anatomía del revestimiento que lo protege en la cavidad abdominal: el peritoneo.

¿Cómo es la pared del tubo digestivo?

Un corte transversal del tubo digestivo nos muestra una estructura en 4 capas. Esta disposición general encuentra variaciones en zonas concretas, ampliando o reduciendo el grosor y número de capas.

Así, desde la luz del tubo digestivo hasta el exterior, encontramos:

Capa mucosa:

Se inicia con una capa de células epiteliales, envuelta en una capa de tejido conectivo areolar (rico en células y pobre en fibras, también llamado *lámina propia*) y en una de musculatura lisa.

El epitelio puede ser escamoso pluriestratificado no queratinizado (boca, faringe, esófago y ano) o formado por una sola capa de células cilíndricas (estómago e intestinos).

La lámina propia contiene numerosos capilares sanguíneos y del sistema linfático. Recoge los nutrientes (principalmente en el intestino) y contiene una gran cantidad de células del sistema inmunitario (especialmente en las amígdalas, intestino delgado, apéndice e intestino grueso).

La fina capa de músculo liso permite que los numerosos pliegues del tubo digestivo (que aumentan su superficie de secreción/absorción) no eviten el acceso de todas las células epiteliales a la luz del tubo.

Capa submucosa:

Es una capa muy irrigada e inervada. En concreto, a ella llega el plexo de Meissner (un conjunto de ramificaciones nerviosas que permiten al sistema nervioso central controlar la motilidad, las secreciones y la vascularización digestiva).

Capa muscular:

En dos zonas del tubo, la que va desde la boca al segundo tercio del esófago y la que rodea al ano, esta capa está formada por músculo esquelético, asegurando el carácter voluntario de la deglución y defecación. En el resto del tubo digestivo, está compuesta de dos capas, una de fibras circulares (interna) y otra de longitudinales (externa).

En esta capa se inserta otro plexo nervioso, el plexo de Auerbach, encargado básicamente de regular la fuerza y frecuencia de las contracciones del tubo.

Capa serosa:

Es una capa externa, que se conecta con otra capa de grosor variable (el peritoneo) que determina la disposición del tubo digestivo y sus glándulas en la cavidad abdominal.

¿Cómo queda envuelto el aparato digestivo en la cavidad abdominal? El peritoneo

No es propiamente una capa del tubo digestivo, sino que se trata de una especie de capa serosa que une, mediante una serie de pliegues y engrosamientos, el aparato digestivo a la cavidad abdominal. Expondré a continuación su estructura.

Está compuesto por 2 membranas (peritoneo parietal y visceral) que recubren los órganos de la cavidad abdominal. Entre ambas membranas queda una cavidad (la cavidad peritoneal). Algunos órganos, por ejemplo el páncreas o los riñones, no están cubiertos más que por su cara anterior.

Podemos distinguir 5 repliegues principales del peritoneo. Son los siguientes:

- Mesenterio → une el intestino delgado con la pared abdominal posterior

- Mesocolon → une el intestino grueso con la pared abdominal posterior y permite la irrigación sanguínea intestinal

- Ligamento falciforme del hígado → une el hígado con la pared abdominal anterior y el diafragma. Conviene señalar que el hígado es el único órgano del aparato digestivo que se fija a la pared abdominal anterior.

- Epiplón menor → une duodeno y estómago a la pared del hígado, de la cual quedan suspendidos. Contiene algunos ganglios linfáticos.

- Epiplón mayor → es el repliegue de mayor tamaño, compuesto por una gran cantidad de tejido adiposo blanco y ganglios linfáticos. Se dispone como una gran lámina sobre el colon transverso y el intestino delgado.

1.3. La cavidad bucal

1.3.1. Cavidad y principales glándulas

Externamente está delimitada por los **labios**, pliegues carnosos recubiertos de piel (parte exterior) y mucosa (parte interior). La piel de los labios no está queratinizada, por lo que tienen el color de los vasos sanguíneos subyacentes. En la línea media de la cara se encuentran los frenillos labiales, pliegues que unen interiormente los labios a la encía. Junto a los labios se encuentran los músculos buccinadores y el orbicular, cuya actividad interviene en procesos como la masticación o el habla.

Los labios (anteriormente) y las fauces (posteriormente) delimitan la **cavidad bucal**. El techo anterior de esta cavidad se conoce como paladar duro, y se trata de una capa de mucosa estructurada sobre los huesos maxilar superior y palatino. A través de esta estructura existe una comunicación con la cavidad nasal. La porción posterior del techo está formada por una estructura muscular revestida de mucosa denominada paladar blando. Ésta acaba en una prolongación, la úvula, que se desplaza hacia arriba durante la deglución, evitando el acceso de los alimentos líquidos a la cavidad nasal. Dos repliegues en forma de arco recorren el paladar blando: el arco glosopalatino, que se dirige hacia la base de la lengua, y el arco faringopalatino, más posterior y cercano a la faringe. Entre ellos se sitúan las amígdalas palatinas.

En la cavidad bucal se encuentran las **glándulas salivales**. Se distinguen dos grupos: las menores y las mayores. Las primeras, que producen poca saliva, son muchas y se sitúan principalmente en tres zonas, los labios, los carrillos y el paladar. Existen, por otra parte, tres pares de glándulas salivares mayores:

- las parótidas, situadas en la zona anterior a los oídos entre la piel y el músculo masetero, vierten la saliva por el conducto parotídeo, a través del músculo buccinador, a la altura del segundo molar superior
- las glándulas submandibulares se ubican en la parte posterior del suelo de la boca y se abren a la cavidad cerca de la base del frenillo lingual
- las glándulas sublinguales se encuentran bajo la lengua en posición ligeramente más anterior.

¿De qué está compuesta la saliva?

El 99.5% de la saliva es agua. Los solutos, que ocupan el 0.05% restante, son de diversos tipos:

- gases disueltos
- pequeñas cantidades de urea y ácido úrico (es una forma muy minoritaria, pero presente en la saliva, de excreción de nitrógeno)
- proteínas
    o inmunoglobulina A (actúa como agente bacteriostático)
    o lisozima (actúa como agente bactericida)
    o amilasa salival (inicia la hidrólisis del almidón)
    o lipasa lingual (se une al bolo alimenticio para, al ser activada por los ácidos del estómago, iniciar la digestión de triacilglicéridos)

- iones → encontramos sodio, cloruro (que activa la amilasa salival), potasio, bicarbonato y fosfato (estos dos amortiguan el pH salival manteniéndolo entre 6.35 y 6.85)

La contribución de las diferentes glándulas a esta composición no es homogénea. Por ejemplo, las glándulas sublinguales vierten un bajo porcentaje de amilasa en comparación con el resto.

¿Cómo se regula la producción de saliva?
En términos aproximados, una persona produce entre 1 y 1.5l de saliva al día. La producción de saliva es contínua, aunque se ve incrementada en presencia de alimento. El cuerpo regula esta tasa de secreción puede regularse de tres maneras:

- por el **sistema nervioso autónomo**. Las fibras parasimpáticas provenientes del nervio facial (VII) y del glosofaríngeo (IX), estimulan esta secreción, mientras que la inervación simpática la inhibe.

- por el **sistema nervioso somático**. Algunas conductas aprendidas permiten la conexión nerviosa de olores, sabores, imágenes o recuerdos con una estimulación de la salivación.

- por **reflejos provenientes de la misma cavidad bucal**. Por ejemplo, tras el vómito se estimula la salivación, para evitar la estancia prolongada de sustancias irritantes en la boca.

La parte de la **odontología** encargada del estudio de las patologías que afectan a pulpa, dentina, cemento, ligamento periodontal y encías se conoce como **endodoncia**. La rama encargada de prevenir y corregir la alineación anormal de los dientes es la **ortodoncia**. Las patologías presentes en los tejidos adyacentes a los dientes son materia de la **periodoncia**.

1.3.2. La lengua

Otro órgano representativo de esta zona es la lengua, constituida por músculo esquelético recubierto de mucosa. Un tabique muscular, anclado en el hueso hioides, la divide en dos mitades (derecha e izquierda) anatómicamente idénticas.

El movimiento lateral y anteroposterior de la lengua se debe a tres músculos anclados en la cavidad bucal que se insertan en ella. Son el hiogloso, geniogloso y estilogloso. La musculatura intrínseca de la lengua se encarga de modificar su tamaño y forma en procesos como el habla y la deglución.

La cara superior (dorsal) de la lengua está recubierta de papilas, prolongaciones del tejido epitelial especialmente queratinizado. Según su morfología se denominan fungiformes (forma de hongo), circunvaladas (forma de V invertida), y filiformes (más duras y de forma cónica). Los dos primeros tipos contienen receptores del gusto, mientras que las papilas filiformes sirven para aumentar la fricción de los alimentos con la lengua. Existen también glándulas salivares menores en la lengua, cuyas secreciones son especialmente ricas en lipasa.

1.3.3. Los dientes

Los dientes se introducen en los alveolos de los huesos maxilares. Las cúspides de los alveolos están recubiertas por las encías y los valles por el ligamento periodontal y una capa de cemento dentario que se sitúa sobre él. En esta cavidad, así recubierta, se insertan los dientes.

En un diente pueden distinguirse tres zonas (corona, cuello y raíces –de una a tres-). En un corte longitudinal se verían tres capas:

- **esmalte** → recubre la corona por su parte superior. Está formado principalmente (95%) por sales de calcio, especialmente por el fosfato de calcio hidratado denominado hidroxiapatita, que es el material más duro del cuerpo (con un valor de aproximadamente 5 en la escala de Mohs)

- **dentina** → es una capa que recubre todo el diente. Presenta un color amarillento y contiene también un elevado porcentaje de sales de calcio (~70%) combinadas con fibras, lo que le confiere cierta elasticidad

- **cavidad pulpar** → zona central del diente, donde se albergan nervios y vasos sanguíneos, englobados en una matriz de tejido conectivo

Durante la vida de un ser humano, se presentan dos conjuntos de dientes: la dentición decidua o de leche, y la dentición permanente. En líneas generales, los dientes de leche empiezan a salir a partir del 6º mes de vida y siguen apareciendo a una tasa aproximada de 2 dientes al mes, hasta completar un total de 20. Se caen generalmente entre los 6 y los 12 años y son sustituidos por la dentición permanente.

Existen cuatro tipos de dientes: incisivos (que cortan el alimento), caninos (que desgarran), premolares y molares (que trituran el alimento). Tanto una dentición de leche como una permanente tienen 8 incisivos y 4 caninos. La de leche se completa con 8 molares, que son sustituidos por 8 premolares en la permanente. Finalmente, en la dentición definitiva, aparecen 12 molares ubicados en la zona creada por la expansión de los huesos maxilares.

1.3.4. La digestión se inicia en la cavidad bucal

El conjunto de órganos presentes en la boca provocan dos efectos iniciales muy importantes para el proceso digestivo:

- **triturar los alimentos** → con lo que se incrementa la superficie de intercambio con la maquinaria molecular encargada de la digestión

- **hidratar los alimentos** → con ello se permite que las enzimas puedan actuar, ya que precisan un medio acuoso

A parte de la evidente disgregación mecánica, en la boca también se inician algunos procesos de digestión química. La **amilasa salival** inicia la digestión del almidón (polímero de α-glucosas), generando, según el tiempo de residencia del alimento en la boca, α-dextrinas (pequeños polímeros de glucosa), maltotriosas (unos trisacáridos) o maltosas (disacáridos). Esta enzima actúa óptimamente al pH de la saliva. No obstante, su acción no acaba cuando el alimento es deglutido y llevado al estómago (proceso que tarda unos segundos). En el mismo estómago, concretamente en la región del fundus, esta enzima sigue actuando durante casi 1 hora, ya que el alimento aún no se mezcla con los jugos gástricos, momento en que se inhibe.

En la boca se añade la **lipasa lingual** al bolo alimenticio, pero esta no será activa hasta que se encuentre con el ambiente del jugo gástrico, una hora más tarde.

1.4. La faringe

Es un conducto que va desde los orificios posteriores de la cavidad nasal hasta la entrada del esófago, donde se encuentra la epiglotis, una especie de tapa de tejido cartilaginoso que evita la entrada de alimento en las vías respiratorias.

La faringe presenta tres tramos: nasofaringe (proximal), bucofaringe (medio) y laringofaringe (distal). Este último es paralelo a otro conducto, la laringe, y se sitúa en su zona posterior.

La faringe comparte la función digestiva con la respiratoria. En su papel digestivo, actúa básicamente en el proceso de deglución, junto al esófago y la cavidad bucal. Es su participación en este proceso voluntario lo que explica la presencia de musculatura esquelética en sus paredes.

El proceso de deglución transcurre así. Cuando el bolo alimenticio llega a la faringe, unos receptores táctiles envían impulsos al sistema nervioso (especialmente al centro de la deglución, del bulbo raquídeo). Esto tiene como efecto que...

El peristaltismo no es un fenómeno exclusivo del esófago. En zonas como los uréteres, vías biliares y trompas de Falopio, se detectan procesos parecidos.

- el paladar blando y la úvula se desplazan hacia arriba cerrando la cavidad nasal

- la laringe se desplaza hacia adelante y hacia arriba. Esto tiene dos consecuencias

  o la epiglotis se mueve atrás y abajo, cerrando la entrada al sistema respiratorio
  o al tirar de las cuerdas vocales, se cierran mejor las vías respiratorias y, a la vez, se ensancha el esófago

De esta forma el alimento es introducido en el esófago.

1.5. El esófago

Es un tubo de aproximadamente 25 cm de longitud que desciende desde la faringe al estómago en orientación paralela y posterior a la tráquea. Cruza el diafragma por un orificio denominado hiato esofágico. Está coronado en su parte superior por el esfínter esofágico superior, un anillo muscular insertado en el cartílago cricoides. Al elevarse la laringe, en la deglución, este anillo se relaja y el alimento entra en el esófago.

El transporte del bolo alimenticio a lo largo de todo el esófago se da gracias a contracciones musculares involuntarias rítmicas denominadas movimientos peristálticos. La musculatura del esófago no es totalmente de tipo liso, sino que hay fibras esqueléticas en la zona proximal, para facilitar el proceso voluntario de la deglución. A medida que nos acercamos a la boca del estómago, aumenta la proporción de musculatura lisa, manteniendo su típica disposición en dos capas (circular/longitudinal). También cerca de la boca del estómago, el epitelio esofágico presenta glándulas mucosas que facilitan el transporte.

En la parte inferior (junto al plano inmediatamente superior al diafragma) el esófago se estrecha en lo que se denomina esfínter esofágico inferior, zona que se relaja durante la deglución para permitir el paso del alimento (a través del cardias) al interior del estómago.

1.6. El estómago

Es un ensanchamiento del tubo digestivo, en forma aproximada de J, situado bajo el diafragma, entre el esófago y el intestino. El estómago actúa principalmente como...

- lugar de mezclado de los alimentos

- almacén para que los alimentos sean liberados al intestino a la velocidad requerida por los procesos de absorción

Anatómicamente, podemos distinguir 4 zonas en el estómago:

- el cardias → válvula que rodea la obertura superior del estómago
- el fundus → es la cavidad redondeada situada a la izquierda y ligeramente más elevada que el cardias
- el cuerpo → la gran zona central del estómago
- el píloro → es la zona de conexión con el duodeno. Se subdivide en dos regiones: el antro pilórico (más superior) y el tubo pilórico (tubo de salida que comunica con el duodeno a través del esfínter pilórico, que generalmente está cerrado).

La **secreción de ácido clorhídrico** a la luz estomacal funciona por un mecanismo que tiene como efecto colateral el vertido de bicarbonato en sangre. Por este motivo, toda entrada de alimento en el estómago lleva asociada una **alcalinización sanguínea transitoria.**

Histológicamente, las capas del tubo digestivo a nivel del estómago presentan ciertas peculiaridades. Por citar algunos ejemplos, en vez de 2 capas musculares, la zona del cuerpo del estómago tiene 3, la velocidad de renovación del epitelio es muy elevada,...

Este epitelio es, además, peculiar porque tiene muchas células secretoras insertadas. Las células epiteliales se disponen apiladas formando estructuras que se denominan glándulas gástricas. Éstas liberan su contenido a una especie de grietas de la pared estomacal (criptas gástricas) y de aquí a la luz estomacal. Según la posición en la cripta, las células producen un tipo u otro de secreción exocrina.

- células del cuello de la mucosa → fabrican una especie de moco
- células principales → producen zimógeno y lipasa gástrica
- células parietales → producen ácido clorhídrico, pepsinógeno y factor intrínseco (necesario para la absorción de vitamina B_{12} posteriormente en el íleon)

Estos componentes, disueltos en agua, forman parte de los dos o tres litros diarios de jugo gástrico que suele producir una persona.

También existen, en la pared del estómago, células que generan secreciones endocrinas, se trata de las células G, situadas en el antro pilórico, que liberan gastrina a sangre.

¿Qué les sucede a los alimentos en el estómago?

Podemos citar 7 eventos que ocurren en el estómago tras la entrada del alimento. Se trata de acciones que tienen lugar no necesariamente de forma secuencial

- los alimentos pasan primero por el fundus, sin entrar en contacto con el jugo gástrico y allí, a un pH aún cercano a 6, la amilasa salival continúa degradando los glúcidos

- se producen una serie de movimientos peristálticos suaves (aproximadamente cada 15-25 segundos) que provocan la mezcla de los alimentos con el jugo gástrico, dando lugar al quimo

- al entrar en contacto los alimentos y el jugo gástrico, se inhibe la amilasa salival y se activa la lipasa lingual, iniciándose la degradación de los triacilglicéridos

- se producen también movimientos musculares intensos de mezclado, que aumentan en importancia en las proximidades del píloro. Estas ondas mecánicas provocan el paso repetido de unos pocos mililitros de quimo al duodeno

- el pepsinógeno, al entrar en contacto con pepsina preexistente y ácido clorhídrico, pierde 44 aminoácidos y se transforma en pepsina. Esta enzima rompe selectivamente las proteínas en fragmentos de menor tamaño, que serán finalmente degradados en el duodeno. La pepsina actúa de forma óptima a pH cercano a 2

> La **pepsina** fue la primera enzima animal en ser descubierta. Fue descrita originalmente por **Theodor Schwann** en 1836, poco antes de su formulación de la teoría celular.
>
> . . .
>
> En 1890, el farmacéutico de North Carolina Caleb Bradham, trató de fabricar una bebida similar a la Coca-cola. En su formulación empleó **pepsina**, de donde tomó su nombre la actual **Pepsi Cola**.
>
> . . .
>
> La **pepsina** actúa de una forma **muy selectiva**. Preferentemente, rompe los enlaces peptídicos situados inmediatamente en posición N-terminal de aminoácidos aromáticos como tirosina o fenilalanina. Además, nunca rompe enlaces en los que estén implicados valina, alanina o glicina.

- se secreta lipasa gástrica, que en realidad tiene muy poco efecto sobre los ácidos grasos en el estómago, ya que su pH óptimo es de 5. Esta enzima cobra importancia en los recién nacidos, en la digestión de las grasas de la leche

- en el estómago se absorben algunas sustancias como agua, iones, ácidos grasos de cadena corta, ácido acetilsalicílico, etanol,...

¿Cómo se regula la motilidad y las secreciones estomacales?

Explicaré brevemente los tres principales mecanismos de regulación

a) regulación por el sistema nervioso

En respuesta a estímulos como el olor, el sabor, las imágenes,... la corteza cerebral y el hipotálamo envían señales al bulbo raquídeo. Este, a través del nervio vago (X) lleva señales a la mucosa gástrica (para que se aumenten las secreciones) y a las capas musculares (para que se estimule la motilidad)

b) regulación por la presencia de alimentos en el estómago

Mecanorreceptores (miden la tensión) y quimiorreceptores (miden el pH) de la pared gástrica aseguran, por vía nerviosa, la continuidad de las secreciones y la motilidad una vez los alimentos han entrado en el estómago. En este contexto, citaré como ejemplo el mecanismo de retroalimentación negativa que mantiene estable el pH tras la entrada de alimentos proteicos. Las proteínas, al ser parcialmente degradadas, elevan el pH de la luz estomacal, hecho que estimula la secreción de gastrina en sangre. La gastrina conlleva 3 efectos: aumento de la secreción de jugo gástrico, relajación del píloro y contracción del cardias. En resumen, se consigue disminuir de nuevo el pH.

La **secretina** es la primera hormona que fue descubierta. Los fisiólogos ingleses William Bayliss y Ernest Starling, en unos experimentos publicados en 1902, demostraron que el páncreas producía secreciones sin necesidad de ser estimulado por vía nerviosa. Un factor presente en la sangre y producido por el intestino, al que denominaron secretina, era el responsable de esta estimulación

c) regulación por receptores del intestino delgado

Esta regulación va principalmente encaminada a controlar el flujo de salida de quimo hacia el duodeno. La entrada de quimo en el duodeno potencia la liberación de colecistoquinina y secretina. La primera de ellas inhibe el vaciado gástrico, mientras que la segunda inhibe directamente la secreción gástrica. Evidentemente, estas hormonas tienen muchas otras acciones en la función digestiva.

1.7. El páncreas

Antes de comentar lo que ocurre en el intestino, me parece conveniente explicar el funcionamiento de las glándulas anejas que vierten jugos que serán determinantes en la función intestinal.

El páncreas es un órgano de unos 15 cm de largo y 2.5 de ancho, situado tras el estómago y conectado con el duodeno a través de dos conductos, por los que vierte sus secreciones:

- el conducto de Wirsung, que se une al colédoco (del hígado) en la Ampolla de Vater y juntos se vierten al intestino

- el conducto de Santorini, que se vierte al duodeno unos 2.5 cm más cerca del píloro que el anterior

El páncreas se compone principalmente (~99%) de unos conjuntos de células secretoras denominados acinos, que fabrican jugo pancreático (una secreción exocrina). El restante 1% del volumen del páncreas está constituido por los islotes de Langerhans, grupos de células con función endocrina, que fabrican las principales hormonas reguladoras del metabolismo energético (insulina, glucagón, somatostatina,...)

¿Qué contiene el jugo pancreático?

Contiene agua, sales (principalmente bicarbonato sódico, que le permite mantener un pH de 7.1-8.2) y algunas enzimas como por ejemplo

- amilasa pancreática → concluye la digestión de los glúcidos
- tripsina, quimotripsina, carboxipeptidasa, elastasa → enzimas proteolíticas que se producen en una forma inactiva y son proteolizadas en la luz intestinal para ejercer su función
- lipasa pancreática → concluye digestión de triacilglicéridos
- ribonucleasa, desoxirribonucleasa → degradan ácidos nucleicos

1.8. El hígado

Es un órgano de aproximadamente 1 kg y medio, situado bajo el diafragma, en la derecha de la cavidad abdominal. Está cubierto por el peritoneo visceral y una capa tejido conjuntivo muy rico en colágeno. Está dividido en dos lóbulos (el derecho o mayor, y el izquierdo o menor) separados por el ligamento falciforme del hígado. Entre el hígado y el ombligo está el ligamento redondo del hígado, que es un vestigio de la vena umbilical fetal. Otros ligamentos, los coronarios, sirven para que el hígado quede suspendido del diafragma.

Ubicado en una depresión de la cara posterior del hígado se encuentra un pequeño órgano en forma de bolsa denominado vesícula biliar.

Tanto la vesícula biliar como el hígado se caracterizan histológicamente por presentar grupos de células en torno a una vena central (lobulillos) interconectados por una especie de canales sanguíneos de pequeño diámetro (sinusoides). En estos canales, podemos encontrar además células inmunitarias, como las células de Kupffer, que destruyen células sanguíneas.

En relación a los procesos digestivos, una función hepática muy importante es la fabricación de bilis. Esta sustancia es fabricada por los hepatocitos y vertida en una serie de canales que, finalmente, convergen en el conducto hepático común. Al unirse este con el conducto cístico (proviniente de la vesícula biliar) se forma el conducto colédoco, que se unirá al conducto de Wirsung citado anteriormente.

Otras funciones del hígado, no directamente relacionadas con el proceso digestivo, serían...

- mantenimiento del nivel de glucosa en sangre
- gestión del transporte de los ácidos grasos
- preparación de los aminoácidos para entrar en procesos gluconeogenéticos o de obtención de ATP
- procesamiento de sustancias de difícil eliminación para que puedan ser solubilizadas y excretadas (fármacos, hormonas,...)
- almacenamiento de vitaminas (A, B_{12}, D, E, K)
- almacenamiento de minerales (hierro, cobre)
- eliminación (por fagocitosis) de células sanguíneas viejas y algunas bacterias
- transformación de la vitamina D en su forma activa

ALGUNAS DE ESTAS FUNCIONES ES MÁS PROPIO COMENTARLAS EN TEMAS COMO EL 54 (nutrición) O EL 55 (medio interno)

¿Qué es y para qué sirve la bilis?

Es un líquido de un color que oscila entre amarillento y verde-oliva, un pH entre 7.6 y 8.6, **compuesto principalmente por** agua, ácidos biliares (ácido cólico, ácido quenodesoxicólico), sales biliares (taurocolato sódico y glicocolato sódico), colesterol, lecitina, pigmentos biliares (biliverdina y bilirrubina) y aniones bicarbonato. El hígado produce diariamente cerca de un litro de bilis, que se dirige, en condiciones de ausencia de alimento, a la vesícula biliar, dado que la salida al duodeno está impedida por el esfínter de Oddi.

¿Cómo se estimula la producción y secreción de bilis? Hay diversas vías...

- inervación parasimpática directa al hígado (nervio vago)

- presencia de ácidos grasos y aminoácidos en el duodeno estimula la liberación en sangre, desde algunas células de la pared intestinal, de la hormona colecistoquinina. Esta hormona provoca la contracción de la vesícula biliar y la relajación del esfínter de la ampolla de Vater

- el carácter ácido del quimo tiene un efecto análogo, provocando la secreción de secretina a sangre. La secretina estimula la secreción de bicarbonato tanto en páncreas como en hígado, que alcalinizará las secreciones de ambos órganos

Una **función** principal de la bilis es la **emulsión de los lípidos**. La acción de esta secreción transforma las grandes gotas de triacilglicéridos en gotas de diámetro de micras, con lo que aumenta la superficie de actuación de la lipasa pancreática y pueden degradarse las grasas más rápidamente.

Otra función es la capacidad que tiene la bilis, gracias a la lecitina y las sales biliares, de **disolver colesterol**. Con ello constituye una vía preferente de excreción del exceso de este lípido.

De forma análoga, la bilis es un medio para **excretar los restos de degradación de la hemoglobina**. Concretamente, los eritrocitos son desmantelados en el bazo. La globina se degrada en aminoácidos y el grupo hemo se une a la albúmina, siendo transportado por sangre al hígado. Allí se une a ácido glucurónico formando bilirrubina conjugada, que dará lugar a la estercobilina, sustancia que da el color parduzco a las heces, que será eliminada finalmente.

> La hepaconda es una combinación de bezafibrato y **ácido quenodesoxicólico**, que fue diseñada en 2006 y se emplea en el **tratamiento** de los efectos avanzados de la **hepatitis C**. Es un ejemplo de aplicación de los ácidos biliares en medicina.

1.9. El intestino delgado

En él se produce la digestión de gran parte de los alimentos y la absorción mayoritaria de nutrientes.

Sus dimensiones son las siguientes: 2.5 cm de diámetro promedio y 3 m de longitud en personas vivas (en cadáveres, debido a la disminución del tono de la musculatura lisa, ocupa unos 6.5 m). Avanzando desde el esfínter pilórico encontramos un primer tramo de 25 cm denominado duodeno (su nombre hace referencia al número doce, porque su longitud equivale a la anchura de doce dedos). Continúan el yeyuno y el íleon. Finalmente encontramos el esfínter ileocecal, que se une al intestino grueso. Desde casi el inicio del duodeno hasta la mitad del íleon encontramos unas protuberancias de la mucosa intestinal, de 1 cm de altura, denominadas pliegues circulares.

Aunque conserva la histología general del tubo digestivo, pueden señalarse algunas peculiaridades:

- la mucosa emite unas prolongaciones digitiformes hacia la luz del tubo. Se trata de **vellosidades** de 0.5 mm de diámetro presentes en gran concentración (unas 20-40 por mm^2). Cada vellosidad tiene una estructura interna compleja, que alberga irrigación sanguínea y linfática

- los enterocitos de la primera capa tienen **microvellosidades** (prolongaciones de la membrana plasmática de 1 μm de diámetro organizadas internamente por unas decenas de filamentos de actina). Vistas al microscopio estas estructuras presentan una morfología típica denominada borde en cepillo. Un mm^2 de intestino puede albergar unos 200 millones de microvellosidades

- situadas **en la membrana plasmática**, en la zona de las microvellosidades, encontramos numerosas **enzimas digestivas**, que permiten que la digestión se dé no sólo en la luz sino también en las paredes intestinales. Ejemplos son...
  - α-dextrinasa, maltasa, sacarasa y lactasa → digestión de glúcidos
  - aminopeptidasa, dipeptidasa → digestión de proteínas
  - nucleosidasa y fosfatasa → digestión de ácidos nucleicos
- las depresiones de las vellosidades intestinales mantienen una estructura histológica de tipo glandular. Se trata de las **criptas de Lieberkühn**, que son el lugar de fabricación y secreción del jugo pancreático. Existen varios tipos peculiares de células en estas zonas
  - las **células de Paneth** (que fabrican lisozima y fagocitan bacterias intestinales, regulando su población)
  - las **células S** (que producen secretina)
  - las **células CCC** (que producen colecistoquinina)
  - las **células K** (que secretan el péptido insulinotrópico dependiente de la glucosa)
- distribuidas por la mucosa, hay muchas **células caliciformes**, secretoras de moco

- en la submucosa, a nivel del duodeno, se encuentran las **glándulas de Brunner**, que secretan una mucosidad alcalina que ayuda a la neutralización del quimo

- en la zona de la lámina propia, encontramos numerosos **folículos linfáticos**. Se encuentran dispersos o agrupados en unas estructuras propias de la zona final del íleon, denominadas **placas de Peyer**.

¿Cómo interviene el intestino en la digestión?

Mecánicamente

En zonas engrosadas por la presencia del quimo, se producen unas contracciones de la musculatura circular (denominadas **segmentaciones**, porque dividen el intestino en segmentos) que provocan el movimiento del quimo ligeramente hacia delante y hacia atrás, favoreciendo su mezcla con las paredes y evitando su migración en sentido distal. Estas contracciones se producen entre 12 (duodeno) y 8 veces por minuto (íleon).

Al relajarse las paredes, se producen una especie de **movimientos peristálticos**, que llevan el quimo hasta el íleon en poco menos de 2h.

Químicamente

- se digieren los **glúcidos** gracias a las siguientes enzimas

- o amilasa pancreática (digiere restos de almidón y glucógeno, rompiendo los enlaces α-1-4, por lo que no puede digerir la celulosa)
- o α-dextrinasa (digiere polisacáridos pequeños de glucosa)
- o sacarasa, maltasa y lactasa (digieren disacáridos, como su nombre indica)

- se digieren los **lípidos** gracias a la lipasa pancreática

- se digieren las **proteínas** por acción de la tripsina, quimotripsina, carboxipeptidasa, erepsina y elastasa

- se digieren los **ácidos nucleicos** por las enzimas ribonucleasa y desoxiribonucleasa (que digieren los polímeros) y las nucleosidasas y fosfatasas (que degradan los nucleótidos resultantes)

Toda esta actividad está regulada por el sistema nervioso. Se estimula por **inervación parasimpática** tras recibir señales de la distensión intestinal procedentes de mecanorreceptores. Diversos lugares del cuerpo (páncreas, núcleos supraquiasmáticos del hipotálamo, y el mismo intestino) producen una hormona peptídica, de 28 aminoácidos, denominada **péptido intestinal vasoactivo**. Esta hormona tiene una vida en sangre muy corta (unos 2 minutos) y estimula la producción de jugo intestinal en las criptas de Lieberkühn.

¿Cómo se absorben los diferentes nutrientes en el intestino?

Los glúcidos

El intestino absorbe glúcidos a razón de unos 120 g cada hora. Todos se absorben en forma de monosacáridos y suelen seguir dos mecanismos

- por difusión facilitada → fructosa
- por transporte activo asociado a sodio → glucosa y galactosa

Tras ser absorbidos, serán transportados al hígado, desde donde serán distribuidos por vía sanguínea.

Los lípidos

Las sales biliares atrapan ácidos grasos y formas pequeñísimas micelas (de menos de 10 nm de diámetro) que se dirigen a las hendiduras entre microvellosidades. Allí los ácidos grasos atraviesan la membrana

Estoy empleando generalmente el término **quimo** para referirme al bolo alimenticio en su tránsito desde el estómago hasta el ano. Muchos libros de texto y manuales hablan también del **quilo**, refiriéndose a la mezcla formada por quimo, bilis, jugo pancreático y jugo intestinal. Muchos otros manuales utilizan (como hago **en este temario**) el término quimo para todo el proceso. En varios libros de fisiología, el término **quilo** es empleado para referirse a esta especie de **linfa cargada de quilomicrones** que va desde los vasos quilíferos a la vena subclavia.

ESTA PUNTUALIZACIÓN CONVIENE ESCRIBIRLA EN EL LUGAR QUE SE CONSIDERE CONVENIENTE DEL EJERCICIO ESCRITO plasmática por difusión simple. Las **sales biliares** vuelven a quedar libres para facilitar la absorción de más ácidos grasos.

En el retículo endoplasmático de los enterocitos, los **ácidos grasos de cadena larga** absorbidos se transforman de nuevo en triglicéridos y se unen a fosfolípidos, colesterol y proteínas, formando unas partículas solubles de unos 80 nm de diámetro que se denominan **quilomicrones**. Los quilomicrones son transportados por los vasos quilíferos y entran en la circulación sanguínea en la unión del conducto torácico (vaso linfático) con la vena subclavia izquierda.

Los **ácidos grasos de cadena corta**, en cambio, difunden hacia los vasos sanguíneos del **sistema porta-hepático** y son dirigidos hacia el hígado.

Las proteínas

Pueden absorberse en forma de aminoácidos simples (mediante transporte activo generalmente asociado a sodio), o como dipéptidos o tripéptidos (mediante transporte activo asociado a protones). Al igual que los monosacáridos, todos ellos serán transportados al hígado para ser distribuidos.

Pequeños iones

Ya se ha comentado el modo de absorción de **sodio**, acoplado al transporte de monosacáridos o aminoácidos. Acoplados a este flujo de sodio, pueden darse fenómenos de transporte de aniones como el **cloruro, nitrato** o **yoduro**.

La absorción de **calcio** es algo más compleja. Se produce en el duodeno, consume energía y está estimulada por la vitamina D_3 (calcitriol), cuya síntesis en los riñones está favorecida por la parathormona.

Otros iones, como el **potasio** y el **magnesio**, se absorben también de forma activa.

El **hierro** presenta un mecanismo de absorción complejo. En la bilis, el hígado incluye cantidades traza de apotransferrina, una proteína que, al llegar al intestino, se une a los iones hierro solubles, transformándose en transferrina. Ésta se une a receptores específicos en la membrana de los enterocitos y es endocitada. Sin separarse del hierro, la transferrina es liberada a la sangre actuando de transportador plasmático de hierro. La absorción de hierro es muy lenta (se captan, como máximo, unos pocos mg diarios), por lo que nuestro cuerpo no acaba de aprovechar las grandes cantidades de hierro que aportan ciertos alimentos.

Las vitaminas

Las vitaminas liposolubles siguen una ruta similar a los ácidos grasos de cadena corta. La vitamina C y el complejo B (hidrosolubles), también se absorben por difusión simple. La absorción, no obstante, de la vitamina B_{12} es algo más compleja, produciéndose en el íleon y requiriendo, además, de energía, la asociación con el factor intrínseco estomacal.

El agua

De los poco más de 9 litros que llegan al intestino delgado, más de 8 se absorben allí mismo, por **mecanismos de naturaleza osmótica**. El volumen restante (apenas 1 litro) pasará al intestino grueso, donde será reabsorbido en su mayoría, llegando más o menos a las heces (en condiciones normales) sólo un decilitro de agua.

1.10. El intestino grueso

Tiene un diámetro mayor (6.5 cm) y es más corto (1.5 m) que el intestino delgado. Se compone de 4 tramos: ciego, colon, recto y ano.

Un pliegue de la mucosa, el **esfínter ileocecal**, separa el íleon del **ciego**, un tubo de 6 cm de profundidad cerrado en su extremo distal. Lateralmente al ciego surge el **apéndice**, que actúa como órgano del sistema linfático. El ciego se comunica con el **colon**, en el que suelen distinguirse tres tramos (**ascendente, transverso y descendente**). Algunos manuales distinguen un 4 tramo o **colon sigmoide**, refiriéndose a la curva final antes de llegar al recto. Situado delante de los huesos sacro y cóccix, se encuentra el **recto**, un tramo de 20 cm que concluye con el **conducto anal**. La mucosa, en estos últimos 2-3 cm, presenta unos repliegues longitudinales denominados columnas anales, muy vascularizadas. Finalmente encontramos un esfínter interno de músculo liso y uno más externo de musculatura esquelética y contracción voluntaria.

Histológicamente, con respecto al intestino delgado, en el grueso **han desaparecido los pliegues** y en la mucosa quedan sólo células de absorción (para captar agua) y células caliciformes (para secretar moco que facilite el movimiento de las heces). Se mantienen, aunque más dispersos, los **folículos linfoides**. En cuanto a la musculatura, aparece una novedad. Tres bandas de fibras longitudinales se engrosan especialmente y, al contraerse, disponen el intestino grueso como una sucesión de bolsas, llamadas haustras. Estos cordones musculares se denominan **tenias del colon** y suelen estar unidos externamente a unos repliegues grasos del peritoneo visceral denominados **apéndices epiploicos**.

¿Cómo se mueven las heces por el intestino grueso?

La relajación del esfínter ileocecal y el consiguiente paso de quimo al intestino grueso se producen gracias a impulsos mecánicos del íleon y por acción hormonal de la gastrina. El movimiento dentro del intestino grueso es muy simple: cuando el llenado de una haustra llega a un máximo, se contrae y pasa su contenido al haustra siguiente. También hay, con una frecuencia de unas 3 veces por minuto, movimientos peristálticos propulsores.

Junto a estos mecanismos más continuos, unas 3 o 4 veces al día, se genera una onda peristáltica intensa a la mitad del colon transverso y se impulsa el paso de las heces al recto, para su expulsión.

Esta expulsión se produce porque la tensión mecánica en la pared del recto provoca el envío de señales a la región sacra de la médula espinal. Desde allí, nervios parasimpáticos van a la zona del colon sigmiode, recto y ano y producen el siguiente efecto:
- relajación del esfínter anal interno
- contracción de la musculatura longitudinal del recto

La contracción voluntaria del diafragma y la musculatura abdominal, incrementa la presión de la cavidad abdominal, reforzando este efecto. En lactantes, esto es suficiente para que se produzca la defecación. Posteriormente se adquiere la capacidad de controlar la contracción del esfínter anal externo. Si no se produce la defecación, las heces vuelven al colon, y permanecen en espera de una nueva onda peristáltica.

¿Se digieren y se absorben sustancias en el intestino grueso?

Sí, principalmente se reabsorbe **agua**. Además, algunos electrolitos como el sodio y cloruro, ciertas **vitaminas del complejo B** y la **vitamina K** se absorben en el colon. Además, la transformación bacteriana de aminoácidos genera productos como el **indol, escatol, ácido sulfhídrico, ácidos grasos cortos**,... que pueden incluirse en las heces o ser absorbidos y enviados al hígado, para su detoxificación y posterior eliminación por orina.

La digestión final de algunos glúcidos residuales, por la flora bacteriana intestinal, lleva a productos pequeños (H_2, CO_2, CH_4) que el organismo elimina y que, al ser de carácter gaseoso, pueden causar flatulencia durante su estancia en el colon.

2. ANATOMÍA Y FISIOLOGÍA DEL APARATO URINARIO

2.1. Principales funciones del sistema urinario: visión general

En los órganos que componen el sistema urinario, se llevan a cabo las siguientes funciones:

- regular la cantidad global de sales en sangre (osmolaridad) y la concentración de cada electrolito concreto
- regular el volumen total de sangre y, consiguientemente, la presión arterial
- regular el pH de la sangre
- formar la orina y expulsarla del cuerpo, incluyendo en ella muchos compuestos tóxicos para el organismo
- liberar ciertas hormonas como el calcitriol (vitamina D_3, que estimula la reabsorción de calcio) o la eritropoyetina (necesaria en la maduración de eritrocitos en médula osea)
- desaminar la glutamina para que pueda ser empleada como sustrato de gluconeogénesis. De esta forma, modula la glucemia

2.2. Anatomía del sistema urinario

Está constituido por un par de riñones (con una estructura interna compleja y cuya unidad fundamental es la nefrona), un par de uréteres, la vejiga urinaria y la uretra. Pasaré a describir en detalle cada una de estas estructuras.

2.2.1. Los riñones

Son órganos de tono rojo oscuro, con forma de haba y que, en los seres humanos, tienen un tamaño parecido al de una pastilla de jabón convencional (unos 10 cm de alto y 5 de ancho), y una masa de unos 150 g. Se sitúan en la cavidad abdominal, justo debajo del hígado (que empuja ligeramente hacia abajo al riñón derecho), entre la última vértebra torácica y la tercera lumbar. Su borde cóncavo se encara hacia la columna vertebral y de él, concretamente de una especie de fisura denominada hilio renal, surge cada uno de los uréteres.

Tres capas de tejido (de fuera a dentro son la aponeurosis renal, la cápsula adiposa y la cápsula renal) cubren cada riñón y lo fijan respecto a las otras estructuras de la cavidad abdominal.

En un corte frontal del riñón nos revela su estructura interna. Consta de una capa más externa llamada corteza renal y una más interna llamada médula renal. Ésta última está formada por un conjunto (unas 10-20) estructuras piramidales con el vértice orientado al centro. Las pirámides y la corteza están ocupadas por las nefronas (que ahora descrinbiré) y fabrican la orina, que es recogida por los conductos papilares y conducida a los uréteres.

2.2.2. Los uréteres

Son dos tubos de unos 25-30 cm de longitud que salen de los riñones y llegan a la vejiga urinaria, entrando oblicuamente en ésta por su cara posterior. No existen válvulas que regulen el caudal de los uréteres. Éste se frena por la presión hidrostática de la orina acumulada en la vejiga.

Histológicamente, están compuestos por tres capas (mucosa, muscular y serosa), como numerosos conductos del organismo.

2.2.3. Vejiga urinaria

Es un órgano extensible situado en varones en posición anterior al recto y en mujeres ante la vagina y por debajo del útero. Tiene una capacidad de unos 800 ml (ligeramente inferior en mujeres por la cercanía del útero).

En su zona posterior tiene una región triangular (llamada trígono) por la que entran los uréteres. En posición ventral-inferior tiene la salida hacia la uretra (denominada orificio interno uretral).

Histológicamente está compuesta de tres capas:
- mucosa: presenta epitelio transicional (se trata de un epitelio pluriestratificado cuyas células apicales son cúbicas, con el extremo

apical convexo y, en ocasiones, binucleadas. La dilatación de la vejiga hace que las células se vuelvan planas) y el resto es similar a los uréteres.
- muscular: se trata de un músculo en tres capas (músculo detrusor), que, en la comunicación con la uretra, se especializa en un esfínter uretral interno. Debajo de él encontramos el esfínter uretral externo, compuesto de musculatura esquelética y proveniente del diafragma urogenital.
- serosa

2.2.4. La uretra

Es el tubo que comunica la vejiga con el exterior, actuando como vía de expulsión de la orina. En varones, también se emplea en la expulsión del esperma. En mujeres, la uretra es corta (unos 4 cm) y se abre al exterior entre el clítoris y el orificio vaginal. La uretra masculina es de mayor longitud (unos 15-20 cm) y, tras recibir el contenido de la vejiga, los conductos deferentes y la próstata, se abre al exterior a través del pene. Hay manuales que distnguen tres tramos en la uretra masculina (prostática, membranosa y esponjosa) según se completa su recorrido hacia el exterior.

2.2.5. La nefrona

Ocupando las pirámides medulares y la corteza renal, encontramos aproximadamente 1 millón de estructuras microscópicas llamadas nefronas, que son la base funcional del riñón.

Estructuralmente, toda nefrona consta de dos partes: el **corpúsculo renal** (que filtra la sangre) y el **túbulo renal** (por el que circula el líquido filtrado con el objetivo de reabsorber selectivamente muchos de sus componentes).

En el corpúsculo renal encontramos el glomérulo de Malpighi (descrito por este médico italiano en su tratado "De viscerum structura" en 1665, una extensa red de capilares que permiten la filtración sanguínea) envuelto en la cápsula de Bowman, una doble capa de epitelio que presenta unas células especiales (podocitos) que envuelven el endotelio sanguíneo con numerosas prolongaciones.

Siguiendo la dirección del líquido por el túbulo renal, se encuentran tres partes, el túbulo contorneado proximal (tapizada formado por células cúbicas con numerosas microvellosidades), el asa de Henle (tapizada por un epitelio escamoso de células planas, salvo en su rama ascendente gruesa, que se convierten en células cúbicas) y el túbulo contorneado distal (formado por células cúbicas, algunas con microvellosidades). Al final de la rama ascendente del asa de Henle, suele haber una elevada concentración de células cilíndricas, muy apiñadas, denominada mácula densa. Esta estructura comunica con los vasos sanguíneos adyacentes mediante un conjunto de células musculares denominadas células yuxtaglomerulares. En conjunto, se trata del aparato yuxtaglomerular.

2.3. Fisiología del aparato urinario

Distinguiré 4 pasos para explicar el funcionamiento del aparato urinario

- filtración del plasma en el glomérulo de cada nefrona
- reabsorción de componentes en el túbulo renal
- secreción de desechos al túbulo renal
- transporte y expulsión de la orina

Esta elevada velocidad de filtración implica que, en tan sólo media hora, en el túbulo contorneado proximal se recibe un volumen de plasma superior al total presente en el cuerpo.

2.3.1. Filtración del plasma en el glomérulo de cada nefrona

Los **podocitos** de la cápsula de Bowman y las **células endoteliales** del glomérulo forman la membrana de filtración. Ésta permite el paso de agua y otros solutos pequeños (urea, iones, vitaminas, monosacáridos, aminoácidos,...) y evita la entrada de proteínas y otros componentes sanguíneos de mayor tamaño. Junto a ellos, entre las ranuras del endotelio, encontramos las **células mesangiales** (células con capacidad contráctil) que permiten regular el flujo y la superficie de filtración.

La tasa de filtración glomerular es muy elevada (~125ml/min en varones y ~105ml/min en mujeres) y relativamente constante, con lo que se favorece el mantenimiento de la homeostasis de los fluidos corporales. El riñón tiene mecanismos para que la tasa de filtración glomerular sea insensible a las variaciones diarias de la presión sanguínea. Ante una subida de la presión sanguínea, pueden actuar...

- un **mecanismo miógeno** → la contracción de las arteriolas aferentes reduce el flujo sanguíneo a la entrada del glomérulo
- la **retroalimentación tubuloglomerular** → las células de la mácula densa detectan concentraciones elevadas de Na^+, Cl^- y agua (que no han podido ser absorbidos porque el flujo es muy alto) y estimlan la producción de un vasodilatador loca que aún (datos de 2002) no ha sido identificado.

Existen también mecanismos neurales (nervios simpáticos renales) y hormonales (angiotensina II) que disminuyen el flujo de filtración glomerular. Alternativamente, otras hormonas (péptido nautiurético auricular) lo incrementan.

Algunas adaptaciones hacen que la filtración glomerular sea más elevada que las filtraciones en otros vasos sanguíneos del cuerpo. Son las siguientes:
- acción de las células mesangiales
- elevada presión sanguínea, las arteriolas eferentes son de menor diámetro que las aferentes
- la membrana de filtración es muy delgada y presenta muchos más poros que un endotelio normal

2.3.2. Reabsorción de componentes en el túbulo renal

Se realiza en todo el túbulo renal, pero las células epiteliales del túbulo contorneado proximal (especializadas con un gran número de microvilli) son las que contribuyen en mayor medida, actuando las células de la zona distal como refinadoras del proceso, para mantener una homeostasis exacta.

Los mecanismos de transporte pueden ser activos o pasivos (ver T27, la membrana plasmática, para más información). ¿Cuáles son los compuestos reabsorbidos? En la siguiente tabla, para una serie de compuestos relevantes, se muestra la cantidad que atraviesa el glomérulo y la cantidad que es expulsada en orina. Estos valores nos dan una idea de la importancia que para el organismo tiene la reabsorción de cada compuesto o, visto de otra forma, las consecuencias que puede tener un mal funcionamiento del sistema renal. Evidentemente, se trata de valores aproximados.

Se recomienda mucho, en el ejercicio de oposición, **citar estos valores**. Es un detalle que puede marcar la diferencia. Memorizar y exponer (con gracia) estos números y compuestos es uno de esos detalles que hace que el tema esté completo o quede como "una bella redacción" (cosa que gusta muy poco a un tribunal, que ha de escuchar 20 opositores en un día).

Compuesto	Cantidad filtrada (en un día)	Cantidad presente en orina (en un día)
agua	180 litros	1-2 litros
proteínas	2 g	0.1 g
sodio	600 g	4 g
cloruro	650 g	6 g
bicarbonato	275 g	0.03 g
glucosa	160 g	0 g
urea	50 g	25 g
potasio	30 g	2 g
ácido úrico	8.5 g	1 g
creatinina	1.5 g	1.5 g

2.3.3. Secreción de desechos al túbulo renal

El amoniaco proveniente de la degradación de aminoácidos (realizada en su mayoría en el hígado), se transforma en parte en urea (un compuesto menos tóxico) en el mismo hígado y se transporta al riñón para ser eliminado. Es recibido a nivel de glomérulo y entra en el filtrado. Las células del túbulo contorneado proximal generan también amoniaco por desaminación de la glutamina, y lo vierten al tubo. Como este proceso lleva asociado un vertido de bicarbonato en sangre, se acelera en condiciones de acidosis sanguínea.

En el conducto colector final, las células principales secretan potasio y absorben agua y sodio. Este proceso se ve incrementado por la acción de la hormona aldosterona. En ese mismo lugar, las células intercaladas secretan protones (gracias a la acción de bombas ATPasas). Este proceso puede realizarse con tal intensidad que la orina puede llegar a tener un pH 3 unidades inferior a la sangre. Estos protones provienen de la transformación del ácido carbónico a bicarbonato, que pasa a sangre, provocando que la sangre que sale del riñón sea ligeramente más básica que la que entró.

2.3.4. Transporte y expulsión de la orina

Una vez en los uréteres, gracias a la acción de ondas peristálticas, la presión hidrostática y la misma gravedad, la orina es llevada a la vejiga urinaria. La velocidad de las ondas peristálticas no es muy grande (de 1 a 5 ondas por minuto).

Cuando el volumen de la vejiga supera un umbral (normalmente 200-400 ml), mecanorreceptores de su pared transmiten impulsos al centro regulador de la micción, situado en los segmentos S2 y S3 de la médula espinal. Desde ahí se impulsa un acto reflejo denominado reflejo de la micción, que, en resumen, consiste en la contracción del músculo detrusor y la relajación del esfínter uretral interno. Estas mismas fibras nerviosas relajan el esfínter externo y provocan la micción. Este reflejo aprende a controlarse desde la corteza cerebral en la primera infancia, con lo que puede retenerse durante cierto tiempo.

2.4. Control hormonal de la fisiología renal

Muy brevemente, expondré el efecto que tienen ciertas hormonas en la regulación del funcionamiento del riñón.

La **angiotensina II**, liberada como consecuencia de una disminución del volumen/tensión sanguíneo, por mediación de la **renina**, estimula la actividad de los cotransportadores de sodio/protones del túbulo contorneado proximal, aumentando reabsorción de agua, sodio y otros solutos y restaurando el volumen/tensión sanguíneo.

En respuesta al aumento de angiotensina II en sangre (y de el catión potasio) se libera **aldosterona**, que aumenta la reabsorción de sodio, cloruro y agua (efecto similar a la misma angiotensina II) así como la eliminación de potasio. Actúa a nivel del epitelio del túbulo colector.

Un aumento de salinidad en plasma, o un aumento de angiotensina II, provocan la liberación, desde la hipófisis posterior de la **hormona antidiurética** (ADH). Esta hormona estimula la inserción de acuaporinas en la membrana de las células principales del túbulo colector, aumentando la absorción de agua.
Un aumento del volumen sanguíneo puede manifestarse por un exceso de tensión de las aurículas del corazón. Al sufrir este efecto, éstas secretan pequeñas cantidades de **péptido natriurético atrial** que, una vez en sangre, actúa a nivel del túbulo colector y el túbulo contorneado proximal aumentando la cantidad de sodio y agua presente en la orina.

3. HÁBITOS SALUDABLES

3.1. Relacionados con el aparato digestivo

Es recomendable, y en nuestro país resulta prácticamente de obligado cumplimiento, la **vacunación** contra ciertas enfermedades digestivas como la hepatitis. (Puede completarse esta información, para cada comunidad autónoma, consultando los calendarios de vacunación y lugares en la web http://www.msc.es/ciudadanos/proteccionSalud/infancia/vacunaciones/prog rama/vacunaciones.htm)

Un hábito importante, aunque no de aplicación frecuente, es la **vacunación** contra ciertas enfermedades **antes de realizar algún viaje a zonas con riesgo**. El Ministerio de Sanidad y Consumo, a través de los Centros de Vacunación Internacional, tiene desarrollados programas de vacunación contra enfermedades relacionadas con el aparato digestivo para aquellas personas que realicen viajes a ciertos países. Actualmente estos centros dispensan vacunas contra el cólera, la hepatitis A y B. Antes de realizar un viaje a un país que no conocemos es recomendable informarse sobre este asunto en www.msc.es/cvi o en el teléfono 901 100 400. Aunque no son enfermedades de origen digestivo, sí que presentan síntomas que afectan a este aparato, por lo que cito la fiebre amarilla y la fiebre tifoidea, para las que sí existe vacuna en 2007 en estos centros. Para la fiebre tifoidea, incluso, se ha desarrollado una vacuna de administración oral.

Otros hábitos saludables más comunes serían:

- dar importancia a la correcta masticación de los alimentos en la boca (se facilita su digestión mecánica y quedan más fácilmente expuestos para la acción de los procesos de digestión química)
- cuidar la higiene dental con el cepillado asiduo y correcto
- mantener un orden en las horas de las comidas, evitando comer entre horas, para no forzar el trabajo continuo del aparato digestivo
- evitar las comidas excesivamente calientes o picantes, que pueden dañar la mucosa
- lavarse las manos antes de las comidas y cuidar la higiene de los alimentos para evitar toxoinfecciones alimentarias
- consumir cantidades adecuadas de fibra, para facilitar la motilidad y expulsión de las heces
- realizar ejercicio físico habitualmente facilita la función digestiva, respetando los ejercicios particularmente intensos tras las comidas, ya que pueden derivar en cortes de digestión
- evitar la ingestión de alcohol, que puede dañar el tejido hepático hasta llegar a una inutilización del mismo (cirrosis) y puede desencadenar procesos tumorales en estómago y esófago
- evitar el tabaco. Se ha detectado una concordancia entre ciertos tipos de tumores (labio, boca, estómago) y el hábito de fumar. Además, las sustancias irritantes inhaladas pueden favorecer la aparición de úlceras
- evitar un consumo excesivo de sustancias de difícil eliminación (fármacos, alcohol, drogas,...) ya que sus procesos de detoxificación sobrecargan la función hepática

3.2. Con respecto al aparato urinario

Podríamos señalar la importancia de beber una cantidad adecuada de agua (entre 2 y 2.5 litros diarios), para favorecer la disolución de las sustancias en la orina y disminuir el riesgo de aparición de cálculos renales. Esta misma razón justifica que se recomiende no ingerir comidas excesivamente saladas o consumir en exceso alimentos tipo hígado, riñón... (con gran concentración de ácido úrico), ya que pueden dar origen a la formación de cristales en las vías urinarias.

En varones, conviene hacer hincapié en la necesidad de no forzar excesivamente la retención voluntaria de orina. La dilatación excesiva de la vejiga refuerza el desgaste mecánico de la próstata aumentando la probabilidad de aparición de tumores. Esta lesión, aunque es propiamente del aparato reproductor, la cito aquí por ser un posible origen el mal uso del sistema urinario.

Es conveniente solicitar atención médica ante dolores característicos de espalda situados en la posición cercana a los riñones. La puñopercusión asociada a dolor agudo en esa zona puede estar indicando una infección de riñón, que requiere tratamiento urgente. Es un tipo de afección más frecuente en mujeres, derivada de infecciones de orina.

4. PRINCIPALES ENFERMEDADES

Quiero señalar que algunos términos, que en algunos libros de texto de la ESO se exponen en la sección de patologías, no son enfermedades propiamente dichas, sino efectos concretos comunes a muchas patologías. Como ejemplos encontramos los siguientes términos: vómito, borborigmo (ruido debido a la propulsión de gas por los intestinos), flato (presencia de aire en estómago o intestinos), disfagia (dificultad para deglutir, causada por inflamación, parálisis, traumatismos...)

4.1. Enfermedades de la cavidad bucal

Caries dental: provocada por la desmineralización gradual del esmalte y la dentina por la acción de ácidos producidos por las bacterias de la cavidad bucal. Si no se trata a tiempo puede implicar la entrada de microorganismos en la pulpa dentaria y es necesario eliminar la inervación de esa zona.

Enfermedad periodontal: engloba diversos procesos de degradación de las zonas adyacentes a los dientes. Una de sus manifestaciones es la piorrea (sangrado de encías e hinchazón del resto de tejidos blandos). Puede ser causada por falta de higiene bucal, humo del tabaco, mordeduras accidentales u otras causas. Dentro de este grupo de alteraciones, podemos incluir la úlcera gangrenosa, una descamación muy dolorosa de la mucosa bucal, con un posible origen autoinmune, que afecta principalmente a mujeres entre 10 y 40 años.

Maloclusión: trastorno en el que la dentadura superior e inferior no encajan perfectamente al cerrase una contra otra.

Oclusión del tercer molar: este diente, al nacer, puede hacerlo de forma perpendicular al segundo molar, lo que impide que salga a superficie. Es muy doloroso y se soluciona arrancando ese molar (la muela del juicio).

Parotiditis: cualquier glándula salival puede verse afectada por infecciones provinentes de la nasofaringe. Sin embargo, la infección de las glándulas parótidas por mixovirus es característica. Son las tradicionales paperas, que cursan con fiebre, dolor intenso al tragar y malestar general.

Anquiloglosia: es un defecto anatómico del frenillo lingual, que es demasiado corto. Se dificultan acciones como masticar y hablar. Se dice que a la persona "se le traba la lengua".

4.2. Enfermedades de la faringe y el esófago

Alteraciones de la deglución: pueden taner causas muy diversas como la alteración (por traumatismos) de los pares craneales V, IX o X, otros tipos de parálisis musculares (causadas por distrofia muscular, miastenia grave, botulismo,...)

Acalasia: por un mal funcionamiento del plexo mientérico, no se relaja adecuadamente el esfínter esofágico distal y el alimento pasa con mucha dificultad al estómago, quedando acumulado en el esófago. Eso genera dolores muy similares a los observados en algunos trastornos cardíacos.

ERGE (Enfermedad por Reflujo GastroEsofágico): el origen es el opuesto al anterior. Como no se cierra bien el esfínter esofágico, sustancias del estómago salen al esófago, irritando la pared de este tubo (pirosis).

4.3. Enfermedades del estómago

Úlcera péptica: se produce por la descamación de una zona del epitelio estomacal. Al ser sometida a la acción del jugo gástrico es particularmente dolorosa. Su presencia lleva asociada una serie de precauciones dietéticas y la necesidad de evitar el consumo de ciertos fármacos como los AINEs (derivados de la aspirina). La causa más frecuente de úlcera péptica es la acción de *Helycobacter pylori*, una bacteria estomacal que fabrica ureasa. La ureasa fragmenta la urea en amoniaco y dióxido de carbono. El amoniaco producido, además de generar junto a la bacteria un entorno de baja acidez que favorece su proliferación, daña la mucosa gástrica. No resulta fácil para el sistema inmunitario eliminar a esta bacteria ya que produce también catalasa, que evita los mecanismos oxidativos de degradación empleados por neutrófilos. Existen otras dos causas posibles de las úlceras pépticas:

- uso excesivo de fármacos del tipo AINE (aspirina, ibuprofeno,...)
- secreción exagerada de HCl provocada por una concentración anormal de gastrina en sangre. Esto se produce generalmente por efecto de un tumor, normalmente pancreático, y se conoce como síndrome de Zollinger-Ellison

Piloroespasmo: se da en lactantes. El píloro no abre bien y el estómago se llena en exceso, recurriendo el bebé al vómito para aliviar la presión. Tiene tratamiento farmacológico con relajantes musculares.

Estenosis pilórica: no se cierra bien el píloro. Provoca un vómito característico de lactantes que se denomina "vómito en proyectil" porque se emite a cierta distancia. Debe ser corregido por tratamiento quirúrgico.

4.4. Enfermedades del hígado y páncreas

Cirrosis: no es propiemente una enfermedad sino el resultado de varias de ellas. Se denomina cirrosis al estado en que queda el hígado después de que su tejido funcional se transforme en tejido fibroso no-funcional por efecto de infecciones como la hepatitis, infecciones de parásitos, alcoholismo,...

Hepatitis: inflamación del hígado causada principalmente por infección por varios tipos de virus, aunque también la producen algunos compuestos químicos. Hay muchos tipos de hepatitis

- de origen vírico
  o hepatitis A → causada por un picornavirus (existe vacuna)
  o hepatitis B → causada por un hepadnavirus (existe vacuna)
  o hepatitis C → causada por un flavivirus (no existe una vacuna de ámbito general disponible, aunque hay un gran interés investigador en ella y han ido salido varios intentos de vacuna con eficacia aún muy parcial)
  o otros virus (citomegalovirus, virus de Epstein-Barr, virus de la rubeola...) pueden derivar a una infección hepática de sintomatología similar a las anteriores

- hepatitis alcohólica: es diferente de una cirrosis crónica causada por alcohol. Es una enfermedad que puede conducir al fallo hepático y la muerte en cuestión de un mes.

- originada por fármacos: algunos fármacos pueden llevar, tras un consumo crónico a altas dosis, a fenómenos de hepatitis. Ejemplos son el alopurinol, amitriptilina, amiodarona, anticonceptivos hormonales, indometacina, ibuprofeno, nifedipino, paracetamol, rifampicina, zidovudina, y muchos otros.

- originada por otros productos químicos: amatoxina (presente en la Amanita phalloides), tetracloruro de carbono, cloroformo,...

Hemocromatosis: enfermedad hereditaria que conlleva la acumulación de hierro en el cuerpo, que suele concentrarse especialmente en hígado y páncreas.

Enfermedad de Wilson: es una patología hereditaria, de carácter autosómico-recesivo, que conlleva la acumulación de cobre en los tejidos. Además de algunas alteraciones nerviosas, provoca importantes lesiones hepáticas.

Hepatoma o carcinoma hepatocelular: es un cáncer maligno originado en el hígado. El hígado, además, puede recibir metástasis de otros tumores, generalmente provenientes de otras zonas del aparato digestivo.

Síndrome de Budd-Chiari: es una enfermedad causada por la obstrucción accidental de la vena hepática (por ejemplo, por una trombosis).

Colecistitis: inflamación de la vesícula biliar (generalmente de origen autoinmune) o inflamación del conducto cístico por cálculos biliares.

Pancreatitis: inflamación del páncreas por exceso de ingesta de etanol o por presencia prolongada de cálculos biliares en los conductos de salida. En su forma de pancreatitis aguda, la misma tripsina producida por el páncreas puede acabar con sus células.

4.5. Enfermedades intestinales

Gastroenteritis: se trata de un término amplio utilizado para referirse a inflamaciones ubicadas en intestino o estómago.

Colitis: inflamación de la mucosa de colon y recto. Hay quien le considera un origen autoinmune, pero no está del todo establecido este punto de vista.

Intolerancia a la lactosa: los enterocitos no producen suficiente lactasa y queda lactosa sin absorber. Esto provoca la retención de líquidos en heces (por un efecto osmótico) y la generación de flatos por el metabolismo de las bacterias que fermentan lactosa.

Apendicitis: se trata de la inflamación del apéndice por diversas causas. Cursa con fiebre alta, presencia elevada de neutrófilos en sangre, ... y puede llegarse a la perforación en 24 h. Requiere tratamiento quirúrgico.

ESPRUE o síndrome de malabsorción: agrupa diversas patologías con un rasgo común, el intestino no es capaz de absorber un tipo específico de nutriente que ha sido digerido y este nutriente le causa efectos dañinos (es un ejemplo la intolerancia al gluten, que puede llegar a eliminar, si no se trata, la microvellosidades intestinales, aplanando el epitelio).

Síndrome del intestino irritable: el stress o algunas circunstancias derivan fácilmente, en estos pacientes, a episodios de cólicos alternados con episodios de estreñimiento. Se denomina también colitis espástica o colon irritable.

Diarrea del viajero: infección gastrointestinal provocada por la ingestión de agua o alimentos contaminados, generalmente, por algunas variantes de *Escherichia coli*.

Enfermedad de Crohn: inflamación de la parte distal del íleon y la proximal del colon, que afecta a las tres capas de la pared intestinal.

Colitis ulcerativa: enfermedad similar, pero centrada en el tramo rectal.

Diverticulitis: En zonas del colon donde la capa mucosa está debilitada, se producen unas prolongaciones en forma de bolsa hacia la luz intestinal. En un porcentaje de personas esto deriva en una inflamación denominada diverticulitis, que puede provocar sangrado, fiebre, modificación de la frecuencia de evacuaciones,...

Cáncer de colon: es un trastorno tumoral bastante frecuente. Una de sus formas más estudiada es el HNPCC (Cáncer colorrectal no-poliposo hereditario), que logra curarse en un gran número de casos. El hospital San Pablo de Barcelona es un centro de referencia en este aspecto.

4.6. Enfermedades del peritoneo

Peritonitis: inflamación del peritoneo, generalmente causada por bacterias provenientes del apéndice u otra porción del intestino que se perfora por una infección o por una herida.

Ascitis: acumulación excesiva (más de 2 litros) de líquido en la cavidad peritoneal.

Hernia: protuberancia de algún órgano del aparato digestivo fuera de las membranas peritoneales. Queda libre en la cavidad abdominal y resulta molesto. Las más comunes son la hernia diafragmática y la hernia inguinal.

4.7. Enfermedades del riñón

Casi todas las enfermedades que afectan directamente al riñón, tienen como consecuencia una degeneración de las nefronas, que no tiene porqué ser aparente de inmediato, pudiéndose manifestar pasados varios años. Es por ello que su diagnóstico y tratamiento suelen revestir un carácter urgente.

No-hereditarias

Cálculos renales o litiasis renales: se trata de las conocidas piedras en el riñón. Son patologías que cursan con hematuria, escozor al orinar y dolor muy agudo (proporcional al tamaño del cálculo). Los cálculos pueden ser de calcio, de ácido úrico, de cistina o de estruvita (una acumulación especial de grupos fosfato, magnesio y amoníaco que aparece tras ciertas infecciones de orina). Pueden eliminarse con hidratación excesiva o con ultrasonidos.

Nefropatía diabética: es un desgaste de las nefronas producido por una excesiva concentración de glucosa en sangre.

Glomerulonefritis: se trata de una inflamación del glomérulo. Es muy peligrosa y cursa con hematuria y proteinuria. Ha de diagnosticarse con precisión su origen exacto (generalmente se hace mediante biopsia por punción lumbar asistida por tomografía) para proceder a un tratamiento específico. Este grupo incluye numerosas patologías entre las que se encuentran el **síndrome de Alport**, la **nefropatía de Berger** (la infección glomerular más frecuente en adltos) y algunas enfermedades autoinmunes como el **síndrome de Goodpasture**.

Hidronefrosis: se trata de la dilatación de la pelvis renal producida por una obstrucción que dificulta el flujo de salida de orina del riñón.

Nefritis intersticial: el uso de algunos antibióticos (penicilina,...) o antiinflamatorios (ácido acetilsalicílico y derivados) puede causar la inflamación de la zona intersticial (los huecos que deja el sistema tubular, rellenos de tejido conectivo).

Tumor de Wilms: es un tipo de cáncer descrito a principios de siglo XX, que se localiza en riñones y afecta principalmente a niños.

Carcinoma renal celular: es un tipo de cáncer que se origina en los túbulos de las nefronas. Es el cáncer renal más frecuente en adultos.

La **hipertensión arterial** puede tener, entre sus múltiples causas, un origen renal, por lo que podría incluirse en este apartado.

El fallo total de la capacidad de filtrado de los riñones se conoce como insuficiencia renal. Es una patología y puede presentarse en su modalidad crónica o aguda. Se empieza a detectar por una pérdida del volumen de orina (menor de 400ml/día en adultos).

Hereditarias

Horseshoe kidney (Riñón en forma de zapato de caballo). Se trata de una fusión de ambos riñones por su zona inferior. Es especialmente frecuente (15%) en personas con síndrome cromosómico de Turner.

Enfermedad de los riñones policísticos: se trata de la presencia de múltiples quistes en ambos riñones. Es una patología de base genética que puede extenderse al hígado, cerebro,... No tiene actualmente cura y su tratamiento es sólo paliativo.

4.8. Enfermedades de las vías urinarias

Cistitis: es una inflamación de la vejiga urinaria. Puede cursar de forma aguda o crónica y su causa generalmente es la infección por bacterias Gram positivas.

Uretritis: se trata de la inflamación, generalmente causada por infección bacteriana, de la uretra.

Pueden darse casos de cáncer de vejiga (un tumor de tipo maligno con una incidencia de aproximadamente 8000 enfermos al año en España –datos de 1996-). También ha sido descrita la aparición de tumores en el resto de vías urinarias (uréteres y uretra)

Ureterocele: es una patología congénita que consiste en un ensanchamiento de la porción distal del uréter. Es muy poco frecuente.

La hipospadias es una malformación congénita del pene en la cual la uretra sale al exterior bien en la zona inferior del pene o bien a nivel del mismo escroto (se trata de una enfermedad descrita ya en los tratados de medicina de Galeno).

5. CONCLUSIÓN

He tratado de exponer de una forma detallada el conjunto de mecanismos hacia los que el cuerpo humano ha evolucionado para gestionar los intecambios de materia con el medio que le rodea. Como ha podido observarse, tanto en la disposición estructural de las piezas, como en el funcionamiento armónico de éstas, el proceso trata de ser enormemente selectivo, indicándonos posiblemente un largo trabajo de modulación evolutiva. Con esta idea final, doy por concluida mi exposición.

Bibliografía útil:

GUYTON, A.C. y HALL, J.E. (2003) "Tratado de fisiología médica", 10ªed, Ed. McGraw-Hill

TORTORA, G.J. y GRABOWSKY, S.R. (2005) "Principios de anatomía y fisiología", 9ªed, Ed. Oxford.

THIBODEAU, G.A. y PATTON, K.T. (2007) "Anatomía y fisiología", 4ªed, Ed. Interamericana-McGraw-Hill

TEMA 53

ANATOMÍA Y FISIOLOGÍA DE LOS SISTEMAS CIRCULATORIO Y RESPIRATORIO HUMANOS. HÁBITOS SALUDABLES. PRINCIPALES ENFERMEDADES.

0. INTRODUCCIÓN

La producción de energía en organismos eucariotas pluricelulares, a partir de nutrientes como la glucosa o los ácidos grasos, es un proceso eficiente sólo si existe un aceptor final de los electrones que se van extrayendo de los sustratos iniciales durante su oxidación. La ausencia de este aceptor final, que es el oxígeno molecular, haría imposible llegar a tan elevado grado de oxidación (la degradación total de glucosa en CO_2 y agua, rindiendo 38 ATPs). La extracción de energía sería más ineficiente, lo que limitaría las posibilidades de acción del ser humano.

El aparato respiratorio se encarga de captar el oxígeno y elevar la concentración en sangre de este compuesto. Una vez allí, es transportado a todos los tejidos mediante un conjunto de vasos y un sistema central de bombas impulsoras (el sistema circulatorio). De ambos me ocuparé en esta exposición que ahora inicio y que seguirá el siguiente orden. (es muy conveniente exponer con claridad, aquí al principio, el orden que se va a seguir, leer el índice de una forma ágil)

1

1. LA CIRCULACIÓN SANGUÍNEA A GRANDES RASGOS

La sangre es impulsada desde el corazón, a través de un doble circuito, siguiendo un recorrido como el que comento a continuación. Pasa desde la aurícula derecha (AD) hacia el ventrículo derecho (VD). De allí es enviada a los pulmones, donde se realiza un intercambio gaseoso que enriquece esta sangre en O_2 y la empobrece en CO_2. Desde los pulmones regresa al corazón a través de las venas pulmonares, entrando en primera instancia a la aurícula izquierda (AI). De este modo quedaría completado el **circuito menor**.

La aurícula izquierda se contrae, impulsando la sangre hacia el ventrículo izquierdo (VI). De allí se dirigirá a la arteria aorta, desde donde es repartida a todo el cuerpo. Puede seguir diferentes arterias, que son ramificaciones de la aorta, dependiendo del lugar de destino. Las arterias se van estrechando al llegar a los órganos y, como su histología se va modificando, reciben la denominación de arteriolas. Posteriormente, la sangre llega a unos conductos más estrechos y permeables, los capilares, en los que se produce el intercambio mayoritario de sustancias con los tejidos. Desde los capilares, la sangre pasa a las vénulas, las venas y, finalmente, llega a la vena principal, la vena cava, desde donde desemboca en la aurícula derecha. De esta forma, queda completado el **circuito mayor**.

2. ANATOMÍA DEL CORAZÓN

Sorprende el pequeño tamaño (cabría en un prisma de 12x9x6 cm) y masa (~250g en mujeres y ~300 g en hombres) de este órgano, si consideramos el elevado ritmo de contracciones que debe soportar para ejercer su función: impulsar poco más de 5 litros de sangre cada minuto (toda la que suele tener el cuerpo) enviándola a los pulmones o al resto de tejidos.

El corazón se ubica en la región inmediatamente superior al plano marcado por el diafragma, en la cavidad torácica. Dos tercios de su masa permanecen en la mitad izquierda y el tercio restante, en la derecha del cuerpo. Queda situado entre el esternón y la columna vertebral. Este hecho de quedar entre dos estructuras sólidas permite la compresión y adquiere gran importancia de cara, por ejemplo, a los ejercicios de reanimación cardiopulmonar.

En su **estructura interna**, pueden distinguirse **cuatro capas**: pericardio, epicardio, miocardio y endocardio.

- **Pericardio:** es la capa más externa. Mantiene estable la posición del corazón, permitiéndole, no obstante, la suficiente libertad de movimientos para ejercer su función. Suelen distinguirse dos subcapas:

    o El pericardio fibroso, más externo, formado por tejido conectivo rico en colágeno, de disposición irregular.
    o El pericardio seroso, más interno y delgado.

- **Epicardio:** se trata de una capa transparente que le confiere al corazón una textura resbaladiza. La cavidad que queda entre esta capa y el pericardio seroso se denomina cavidad pericárdica y está rellena de un líquido que evita la fricción excesiva entre el corazón y el pericardio.

- **Miocardio:** es la capa más gruesa, compuesta por la musculatura cardiaca. En el tema 30 se han comentado algunas peculiaridades de este tipo de tejido muscular (conviene citarlas brevemente aquí). A nivel macroscópico, puede observarse cómo las fibras musculares del miocardio se agrupan en haces, que rodean al corazón siguiendo un trayecto diagonal.

> La mayoría de libros de texto de secundaria hablan de "la vena pulmonar" para que se capte el concepto del circuito menor. Es válido desde una perspectiva didáctica, pero conviene saber que se trata de cuatro vasos que entran independientemente en la aurícula izquierda.

- **Endocardio:** Formado por una monocapa de células endoteliales asentada sobre una fina capa de tejido conectivo. Este endotelio recubre las válvulas y cavidades cardiacas y forma un continuo con el endotelio de los vasos sanguíneos.

El corazón está constituido por **cuatro cavidades**: dos aurículas, en la zona superior, y dos ventrículos, en la zona inferior. Sus límites se manifiestan externamente como surcos, más o menos recubiertos de grasa, en la pared del corazón.

Siguiendo la circulación normal de la sangre, encontramos como primera cavidad (por tomar un punto de inicio) la **aurícula derecha** (AD), que recibe sangre de las venas cavas inferior/superior y del seno coronario. Curiosamente, la pared posterior de la AD es lisa y la anterior es rugosa, debido a la presencia de unas pequeñas estructuras contráctiles denominadas músculos pectíneos. Encontramos también, en la pared que la separa de la aurícula izquierda (AI), una pequeña depresión denominada fosa oval (reminiscencia del foramen oval presente en el corazón fetal).

La sangre pasa al **ventrículo derecho** (VD) atravesando la **válvula tricúspide,** compuesta de tres láminas finas de tejido conectivo cubiertas de endocardio. Estas valvas o cúspides se unen entre sí mediante las cuerdas tendinosas y a los músculos papilares del interior del VD. Del VD podemos destacar algunas protuberancias del miocardio en su pared interna (trabéculas carnosas). Se trata de engrosamientos que albergan gran parte de los sistemas de conducción eléctrica del corazón.

Del VD, la sangre, a través de la **válvula semilunar pulmonar**, pasa a la arteria pulmonar. La sangre, al oxigenarse en los pulmones, es recogida por cuatro venas cortas carentes de válvulas (las únicas venas del cuerpo que transportan sangre oxigenada), denominadas venas pulmonares, que desembocan en la porción superior de la AI.

La pared de la AI es lisa casi en su totalidad, salvo una pequeña zona anterior (en la que encontramos músculos pectíneos). La sangre pasa al **ventrículo izquierdo** (VI) a través de la **válvula mitral** (de tipo bicúspide). La morfología de la pared interna del VI es muy similar a la del VD aunque la forma de la cavidad es diferente y el grosor del miocardio es mayor en el VI, concordando con sus diferencias fisiológicas. Desde el VI, la sangre pasa a la arteria aorta atravesando la **válvula semilunar aórtica**.

Finalmente, un breve comentario sobre las válvulas cardiacas. Estas están insertas en el tejido muscular cardiaco gracias a unos anillos de tejido conectivo que rodean cada válvula y la fijan a una especie de red general de tejido conectivo sobre la que se estructura la musculatura del miocardio. De esta forma, las válvulas quedan estructuralmente unidas entre sí, al miocardio y al tabique interventricular. Esto evita el estiramiento de las válvulas por causa del flujo sanguíneo.

3. ANATOMÍA DE LOS VASOS SANGUÍNEOS

Comentaré inicialmente la histología de los vasos sanguíneos, sus capas, y posteriormente realizaré un recorrido breve por las principales rutas de riego sanguíneo del cuerpo.

3.1. Histología de los diferentes vasos sanguíneos

En una **arteria** distinguimos tres capas principales:

- Túnica íntima → compuesta de una monocapa de células endoteliales, sobre una lámina basal, rodeada de una fina capa de tejido conectivo rico en elastina.

- Túnica media → formada básicamente por tejido conectivo elástico y una gruesa capa de tejido muscular liso de disposición circular alrededor del vaso.

- Túnica externa → compuesta de tejido conectivo rico en elastina y en colágeno.

Las **arteriolas** tienen una estructura muy similar a las arterias, pero con una capa muscular mucho más delgada. Llegando ya a la cercanía de los capilares, las arteriolas no son más que una monocapa de endotelio rodeada de una finísima capa de musculatura lisa. Antes de transformarse en capilares, las arteriolas presentan un anillo contráctil definido, llamado esfínter precapilar, que regula el flujo de sangre dentro de los órganos.

Los **capilares** están formados sólo por endotelio sobre lámina basal. Esta disposición los hace idóneos para el intercambio de sustancias. Existe un caso particular de capilares, con muchos huecos entre sus células –endotelio fenestrado- y con un diámetro ligeramente superior a los capilares estándar, se denominan sinusoides y son zonas de intercambio preferente.

Las **vénulas** reciben la sangre de los capilares. Se trata de vasos de pequeño diámetro, con capa endotelial y túnica media estrecha. Destacaría su gran permeabilidad, dado que son un lugar preferente de migración de leucocitos hacia los tejidos infectados.

La estructura de las **venas** sigue el mismo patrón que la arterial, pero los grosores y composición de las tres capas son muy distintos. La túnica íntima es muy delgada, la media también y, además, tiene muy pocas fibras elásticas. La túnica externa, en cambio, es muy gruesa. Sorprende que, pese a su limitada concentración de fibras musculares o elásticas, las venas conservan una gran distensibilidad.

Finalmente, comentar un tipo especial de vaso sanguíneo. Se trata de las **anastomosis**, uniones entre arterias, preferentemente (aunque pueden ser entre otros vasos), previamente a su paso por algún órgano. Estas construcciones permiten que el flujo de ciertos órganos se mantenga constante, aunque exista compresión de algún vaso, por ejemplo, por los músculos durante el ejercicio físico.

3.2. Principales rutas sanguíneas

Resulta muy pretenciosa la exposición exhaustiva de todas las vías que puede recorrer la sangre en el cuerpo humano. Por tanto, realizaré una descripción breve de las principales. Comentaré las principales arterias y sus ramificaciones (especificando la región irrigada) y las principales venas (especificando la región drenada). No incluiré en esta descripción las venas y arterias del circuito menor, que ya han sido mínimamente explicadas.

3.2.1 Principales arterias

Saliendo del VI encontramos la arteria aorta, en la que se distinguen tres zonas: aorta ascendente, cayado de la aorta y aorta descendente, que se dividirá posteriormente en las ramas torácica y abdominal. Continuaré explicando cada uno de estos tramos de la aorta y sus ramificaciones, especificando entre paréntesis la región que irrigan, cuando esta no se derive claramente del nombre del vaso:

- De la **aorta ascendente** surgen las arterias coronarias derecha e izquierda (corazón).

- Del **cayado de la aorta** surgen...

    o subclavia izquierda: se divide en la axilar izquierda, que irrigará toda la extremidad superior mediante diferentes ramificaciones (humeral, cubital, radial, arcos palmares, arterias digitales, interóseas,...), y la arteria vertebral izquierda, que alimenta la arteria basilar, que, a su vez, deriva en las arterias cerebrales posteriores derecha e izquierda.

5

- o carótida primitiva izquierda: deriva en las carótidas internas/externa de la parte izquierda, que, a su vez, nutren la arterias cerebrales anterior y media de ese mismo lado.

- o tronco arterial braquiocefálico: se divide en la carótida primitiva derecha (que tiene las mismas ramificaciones que su análoga izquierda) y la subclavia derecha (de disposición simétrica a su análoga izquierda)

- La **aorta torácica** emite ramificaciones viscerales (ramas destinadas al pericardio, bronquiales, esofágicas medias y mediastínicas), así como ramas parietales (intercostales posteriores y aórticas, subcostales y la arteria diafragmática superior)

- La **aorta abdominal** presenta también tres ramificaciones principales...

  - o ... ramas parietales (diafragmática inferior, lumbar y sacra mediana)

  - o ... ramas viscerales, en concreto seis

    - el tronco celiaco que se divide en la coronaria estomáquica, la esplénica (que va al bazo) y la hepática común.
    - la arteria mesentérica superior, que tienen cinco ramificaciones: la pancreático duodenal, las que irrigan yeyuno e íleon, y las tres que irrigan el colón (cólica media, y cólica derecha inferior/superior.
    - arteria suprarrenal (irriga las cápsulas)
    - arteria renal
    - arteria gonadal (testicular/ovárica)
    - arteria mesentérica inferior

  - o Arteria ilíaca primitiva derecha/izquierda (surgen a nivel de la vertebra L4 y la distribución lateral es simétrica). Al entrar en la extremidad se denomina sucesivamente ilíaca externa, femoral y poplítea. Ésta última se ramifica en la tibial posterior (que irrigará las plantares) y la tibial anterior que deriva en la pedia, las interóseas y los arcos plantares.

3.2.2. Principales venas

- la **zona de cabeza y cuello** drena de la siguiente forma. Una serie de senos venosos descienden a través de las ramas derecha/izquierda de las venas yugular externa/interna y la venas vertebrales. Las yugulares externas desembocan en las subclavias, yendo de allí a los troncos venosos braquiocefálicos y, finalmente a la vena cava superior.

- las **extremidades superiores** drenan a través de las venas radial, cubital, y humeral, hasta llegar a la axilar y de allí a la subclavia.

6

- la **cavidad torácica** drena hacia dos grandes vasos: el tronco venoso branquiocefálico derecho y el ácigos mayor. Ambos vierten su contenido en la vena cava superior.

- las **extremidades inferiores** drenan, en última instancia, en las venas ilíacas primitivas. La unión de estas, en la zona inferior del abdomen, determina el inicio del inicio de la vena cava inferior. A partir de este punto, en su recorrido hacia el corazón, se irán incorporando a la vena cava, secuencialmente, los diferentes vasos que drenan la **cavidad abdominal**: la vena lumbar, la vena proveniente de las gónadas, la vena renal, la suprarrenal, la hepática y, finalmente, la diafragmática inferior.

4. FISIOLOGÍA DEL CORAZÓN

4.1. En el corazón se generan y se transmiten impulsos eléctricos rítmicos

Algunas zonas de la pared del corazón presentan propiedades peculiares, en el sentido de que son capaces de generar impulsos eléctricos de forma autónoma. En concreto, destacaré dos zonas, el nodo auricular (situado sobre la aurícula derecha) y el nodo aurículoventricular (situado en el centro de la cruz que divide las cuatro cavidades cardiacas). Junto a estos focos, podemos señalar unas vías preferentes de transmisión de la señal eléctrica. Citaré también las dos principales: el Haz de Hiss, que recorre el tabique interventricular a lo largo, y la red de Purkinje, que, por decirlo así, envuelve externamente a cada uno de los ventrículos.

La generación y transmisión del impulso nervioso en el corazón sigue los siguientes cuatro pasos:

- **Paso 1:** Se genera un impulso eléctrico en el **nodo sinusal** y se despolarizan las aurículas (dura 0,04 segundos)**.**

- **Paso 2:** Se produce un tiempo de espera en el **nodo aurículo-ventricular** (dura 0,11 segundos)

- **Paso 3:** El impulso eléctrico se transmite por el **tabique interventricular** a través del **haz de Hiss** (dura 0,02 segundos)

- **Paso 4:** El impulso eléctrico se transmite por el músculo de los **ventrículos** a través de la **red de Purkinje** (dura 0,05 segundos)

4.2. Cómo consiguen los impulsos eléctricos provocar la contracción muscular

En este apartado trataré de explicar de qué modo la señal eléctrica que llega a una célula muscular cardiaca desencadena un mecanismo contráctil en ella.

En reposo, el potencial de membrana de una célula muscular cardiaca está en torno a -90 mV. Decimos que la membrana está polarizada. Al llegar la excitación eléctrica se produce, básicamente, la apertura de una serie de canales dependientes de voltaje. Unos canales se abren muy rápidamente (los que permiten paso de sodio). Otros son ligeramente más lentos (los que permiten paso de calcio). Y, por último, están los de potasio, que se abren tras un tiempo de reacción mucho mayor.

Este fenómeno de apertura asíncrona permite distinguir tres etapas en el proceso:

a) **Despolarización:** la apertura de canales de sodio implica una mayor permeabilidad a este catión. Lo que hace que el potencial de membrana tienda progresivamente a anularse (la membrana se despolariza). Al final de esta fase, los canales de sodio se cierran.

b) **Meseta:** la apertura de los canales de calcio provoca la entrada de este catión (esta entrada de calcio a la célula suele ir muy reforzada con la liberación de calcio desde los depósitos intracelulares, mayoritariamente de retículo endoplasmático). En definitiva, aumenta mucho la concentración citoplasmática de calcio. Este calcio activa la troponina y se desancadena todo el proceso de contracción muscular por unión actina-miosina, etc. (puede hacerse referencia a los detalles de este mecanismo, están explicados en el tema 59 – APARATO LOCOMOTOR). Este periodo dura ~250ms. Como puede verse, es especialmente largo en el tejido cardiaco (en una neurona duraría ~1ms), lo que resulta muy importante para que la contracción pueda ser rítmica.

c) **Repolarización:** se abren los canales de potasio y se desancadena un flujo de este catión hacia el exterior celular. Las cargas positivas vuelven a ser más abundantes en el exterior, lo que regenera el potencial de membrana a su valor de reposo.

4.3. La contracción de las paredes del corazón sigue un ciclo

El corazón funciona como una bomba de dos tiempos y cuatro cavidades. La contracción de ambas aurículas es simultánea y coincide con la relajación ventricular, e igualmente ocurre para la contracción ventricular, simultánea y asociada a relajación auricular.

Esta combinación de contracciones/relajaciones ocurre dentro de un proceso conocido como **ciclo cardiaco**, cuya duración completa en reposo es de unos 0.8 segundos (correspondientes a una frecuencia cardiaca de 75 pulsaciones por minuto).

En un ciclo cardiaco podemos distinguir tres fases claramente diferenciadas:

a) **Relajación isovolumétrica:** al final del ciclo cardiaco inmediatamente anterior, se repolarizan las fibras miocárdicas ventriculares. Esto conlleva la relajación de las paredes y el ensanchamiento de los ventrículos, generándose una presión negativa hacia su interior. La sangre de las arterias pulmonar y aorta tiende a entrar en los ventrículos, pero las válvulas semilunares se lo impiden. Al cerrase estas válvulas, continúa descendiendo la presión ventricular. Cuando ésta es menor que la del interior de las aurículas, se abren las válvulas aurículoventriculares (AV) y se empiezan a llenar los ventrículos de sangre.

b) **Llenado ventricular:** empieza siendo un flujo rápido (el primer tercio del volumen) y luego se enlentece. A este último periodo se le llama diástasis. Hasta aquí, aún no se ha producido la contracción de ninguna cavidad cardiaca (todo el periodo, que acaba con la diástasis, se denomina periodo de relajación, y dura ~400ms). Concluye cuando la señal proveniente del nodo auricular provoca la contracción de las aurículas (sístole auricular), responsable de pasar el último tercio de volumen a los ventrículos, que llegan a acumular un total de ~130ml en este momento.

c) **Sístole ventricular:** Se relajan las aurículas y se contraen los ventrículos. Esto fuerza el cierre de las válvulas AV. Durante un breve lapso (~50ms) las cuatro válvulas están cerradas, y los ventrículos se siguen contrayendo (contracción isovolumétrica) hasta que la presión interna supera a la necesaria para abrir las válvulas semilunares. Curiosamente, esta presión es diferentes para el VD (que ha de llegar a ~20mmHg) que para el VI (~80mmHg), concordando con la extensión de la región que ha de abastecer cada ventrículo. En ese momento, se inicia el último periodo (expulsión ventricular) que dura ~250ms.

Las contracciones de las diferentes cavidades vienen marcadas por la actividad eléctrica del corazón. Ésta es medible mediante un sistema de registro convencional denominado **electrocardiograma**. El resultado de esta prueba, en un paciente sano, suele tener un aspecto como en el dibujo adjunto.

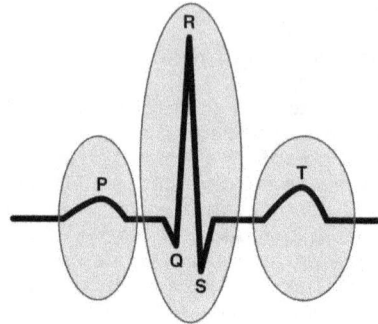

Las ondas que se muestran en un electrocardiograma se corresponden con pasos del ciclo cardiaco:

- Onda P → despolarización auricular

- Complejo QRS → despolarización ventricular

- Onda T → repolarización ventricular

La alteración de las distancias estándar en un electrocardiograma suele ir asociada a un mal funcionamiento del corazón, citaré algunos ejemplos:

- Intervalo P-Q prolongado → indica presencia de zonas de tejido fibroso que ha sustituido al miocardio, posiblemente a causa de una obstrucción coronaria o de un episodio de fiebre reumática

- Intervalo S-T prolongado → infarto de miocardio agudo

- Intervalo S-T acortado → falta de aporte de oxígeno al miocardio

- Intervalo Q-T puede alargarse en pacientes con problemas en la conducción eléctrica

4.4. El trabajo del corazón y los mecanismos que lo regulan

Para medir la intensidad del trabajo del corazón se emplea una magnitud denominada gasto cardiaco, que se obtiene como el producto entre la frecuencia cardiaca y el volumen sistólico. En un adulto promedio, este valor es de ~5.25 litros/min, lo que equivale a decir que el corazón bombea, en tan sólo un minuto, un poco más del volumen total de sangre del cuerpo.

Tanto el volumen sistólico como la frecuencia cardiaca son mecanismos finamente regulados por el cuerpo. Comentaré ahora algunos mecanismos reguladores del valor de ambas magnitudes.

4.4.1. Regulación del volumen sistólico:

- Dentro de ciertos límites, un incremento en el volumen diastólico (volumen de llenado del ventrículo) provoca un reflejo de tensión en las fibras musculares que implica un incremento proporcional en la fuerza de contracción y, por tanto, en el volumen sistólico (volumen expulsado por el ventrículo). Este efecto se conoce como ley de Frank-Starling. Este reflejo es muy importante para conseguir que el volumen expulsado por ambos ventrículos sea el mismo.

- Algunos agentes químicos aumentan la intensidad de contracción del miocardio (contractilidad). Estos compuestos se denominan agentes inotrópicos positivos y son ejemplos el calcio, algunas hormonas (adrenalina, noradrenalina), algunos fármacos (digoxina, digitoxina,...). Existen también agentes químicos con efecto contrario (inotrópicos negativos). Son ejemplos, algunos anestésicos (halotano), el potasio, bloqueadores de canales de calcio,...

- La acción de sistema nervioso simpático disminuye la contractilidad cardiaca, al igual que ocurre en una situación de anoxia o de acidosis

- El estrechamiento de algunas arterias (por ejemplo, por aterosclerosis), o la situación de hipertensión arterial general, dificultan la salida de sangre del corazón (la presión que ha de vencer la sístole ventricular para abrir las válvulas es ligeramente mayor), con lo que se reduce el volumen de sangre expulsado

4.4.2. Regulación de la frecuencia cardiaca

- Tres hormonas, principalmente, tienen efectos aceleradores de la frecuencia cardiaca. Son la adrenalina, noradrenalina y hormona tiroidea.

- El incremento de calcio extracelular aumenta la FC, mientras que el incremento de potasio o sodio la disminuye.

- La inervación simpática acelera la FC. El sistema parasimpático actúa antagónicamente disminuyendo la FC. Ambos sistemas son controlados por el centro cardiorregulador del bulbo raquídeo, que, a su vez, recibe información de quimiorreceptores, barorreceptores y propioceptores situados en diferentes lugares del cuerpo. Este centro también está influenciado por señales del sistema límbico y de la corteza cerebral.

5. FISIOLOGÍA DE LOS VASOS SANGUÍNEOS

En este apartado pueden comentarse los mecanismos de intercambio de sustancias a nivel de los capilares (difusión, transcitosis, flujo de agua,...), basándose en lo que ya se ha comentado en el Tema 27-Membrana plasmática. No obstante, me centraré sólo en los aspectos dinámicos del flujo sanguíneo y su regulación. La distribución del volumen de sangre bombeado por el corazón entre los diferentes tejidos del cuerpo depende de la velocidad de este flujo y la presión sanguínea.

La velocidad de la sangre es inversamente proporcional al diámetro del vaso que atraviesa. Por lo tanto, modificaciones en la anchura de los vasos serán útiles en su regulación. En una persona adulta, el área de la aorta es de unos 3-5 cm^2, lo que conlleva una velocidad de 40 cm/s. El conjunto del árbol capilar presenta un área total de entre 4500 y 6000 cm^2, lo que explica que la sangre fluya en los capilares a menor velocidad (~0,1cm/s). Desde los capilares a la vena cava vuelve a existir un aumento de la velocidad de la sangre, que alcanza ~14 cm/s.

La presión sanguínea es la suma de la fuerza que ejercen las partículas de la sangre contra la pared de los vasos dividida por la superficie de esta pared. Tiene valores máximos en las arterias principales, especialmente en la aorta, donde alcanza unos 120 mmHg. Este valor máximo coincide con la sístole ventricular. El valor mínimo de presión sanguínea (~ 80 mmHg) coincide con la diástole ventricular. Normalmente se calcula una presión arterial promedio, mediante la siguiente fórmula,

$$P_{promedio} = P_{diastólica} + 1/3 \left(P_{sistólica} - P_{diastólica} \right)$$

que tiene un valor de unos 93 mmHg.

5.1. ¿Cómo se regulan la velocidad y presión sanguíneas?

El mecanismo básico cursa mediante modificaciones del diámetro de los vasos sanguíneos. Varios factores afectan a esta magnitud, modulando así tanto la presión como la velocidad de la sangre.

La acción del sistema nervioso simpático (SNS) potencia la vasoconstricción, la acción del parasimpático es antagónica (potenciando la vasodilatación).

Algunos compuestos como el óxido nítrico (NO), el potasio (K+), el ácido láctico, o la misma acidez (H+), potencian la vasodilatación.

En arterias, actúa también un mecanismo local. Al producirse una rotura eventual, se desencadena un espasmo de la musculatura circular, que constriñe el vaso, reduciendo la pérdida de sangre y permitiendo la regeneración del vaso.

6. CIRCULACIÓN LINFÁTICA

He considerado oportuno citar aquí la circulación linfática por la conexión que tiene con el sistema circulatorio general, como mostraré al comentar sus funciones. Algunos aspectos del sistema linfático, como es la acción inmunitaria de sus células, la morfología de los órganos de fabricación (médula ósea) y maduración (timo, bazo, placas de Peyer,...), considero más propio tratarlos en el Tema 62 sobre el sistema inmunológico, por lo que no profundizaré en ellos aquí.

La circulación linfática permite tres ventajas al organismo que la posee (lo que podríamos denominar, "funciones del sistema linfático"):

a) Drenar el líquido intersticial: los capilares sanguíneos no reabsorben todo el líquido que ceden al espacio intercelular. Aproximadamente 3 litros diarios de plasma han de ser devueltos a la circulación general por la circulación linfática. Este retorno de materiales por vía linfática es importante para las escasas proteínas que se filtran a nivel capilar, la mayoría de las cuales no pueden retornar al torrente sanguíneo por otro mecanismo.

b) Transportar los lípidos de la dieta a la sangre: como se ha explicado en el Tema 52, la mayoría de las grasas y otros lípidos absorbidos a nivel intestinal entran en la circulación linfática en el duodeno, en forma de quilomicrones, y son vertidos al torrente sanguíneo a nivel de la vena subclavia.

c) Fabricar, distribuir y dirigir la maduración de los agentes de la respuesta inmunitaria: este punto en su conjunto se tratará en su conjunto en el Tema 62.

Encontramos numerosos capilares linfáticos (conductos cerrados por un extremo) en los espacios intercelulares de casi todo el cuerpo (excepto en sistema nervioso, algunas zonas del bazo y médula ósea, cartílago, epidermis, cristalino y córnea). Se trata de pequeños conductos hacia los que difunde el líquido extracelular sobrante, pero de los que no puede fácilmente retornar al espacio intercelular, debido a la disposición de las células epiteliales del capilar. Más o menos a la altura a la que los capilares sanguíneos convergen en venas, los capilares linfáticos se unen para formar los vasos linfáticos, de estructura similar a las venas, pero con las paredes más finas y muchas más válvulas.

En algunos lugares estos vasos atraviesan unas estructuras más complejas denominados ganglios linfáticos. El conjunto de vasos que atraviesan una serie de ganglios más o menos consecutivos o adyacentes se denomina tronco linfático. Hay cinco troncos linfáticos principales en el cuerpo: lumbar, intestinal, broncomediastínico, subclavio y yugular. Estos troncos desembocan en dos de mayor importancia y tamaño: conducto torácico (o conducto linfático izquierdo) y conducto linfático derecho. El primero de ellos recolecta linfa de todas las zonas del cuerpo situadas bajo un plano sagital imaginario a la altura de las últimas costillas, así como de la mitad izquierda superior del cuerpo. El segundo recolecta linfa sólo de la mitad derecha superior. Ambos vierten su contenido al torrente sanguíneo a nivel de la correspondiente vena subclavia (derecha/izquierda). El flujo linfático es lento y se debe principalmente a pequeñas contracciones de la musculatura adyacente.

7. ANATOMÍA Y FISIOLOGÍA DEL SISTEMA RESPIRATORIO

La estructura básica del sistema respiratorio permite distinguir las siguientes zonas: cavidad bucal, fosas nasales, faringe, laringe, tráquea, bronquios, bronquiolos, alveolos pulmonares y masa pulmonar esponjosa.

La cavidad bucal se comentó detalladamente en el Tema 52.

La cavidad nasal se abre al exterior por la nariz, una protuberancia cartilaginosa que presenta dos orificios que permiten el flujo de aire. Tras ella encontramos las fosas nasales, situadas en una cavidad enmarcada entre el hueso maxilar superior, el etmoides, el esfenoides y otros huesos más pequeños. Están divididas en dos cavidades separadas por el tabique nasal, estructura óseocartilaginosa. Las paredes de los huesos citados anteriormente presentan unas prominencias denominadas cornetes nasales. Normalmente son tres, aunque a veces se observa un cuarto, el cornete de Santorini. La función de los cornetes es aumentar la superficie de intercambio entre el aire y la mucosa nasal. En algunos huecos de los huesos que rodean la cavidad nasal encontramos los senos paranasales, encargados de fabricar y secretar grandes cantidades de mucosidad que humidifican el aire. La zona superior de las fosas nasales está recubierta por una mucosa especial (mucosa pituitaria), inervada por las fibras responsables del sentido del olfato. En conclusión, el aire sale de las fosas nasales con tres características: limpio, húmedo y caliente.

El aire pasa desde las fosas nasales a la faringe superior a través de las coanas. En esta zona, se abren dos conductos procedentes de la cavidad auditiva (las trompas de Eustaquio). En la zona posterior de esta zona de la faringe encontramos una glándula linfática (amígdala faríngea o adenoides).

La faringe media, zona donde desemboca la cavidad bucal, alberga las amígdalas palatinas. En posición ligeramente inferior se encuentran las amígdalas linguales. Ambas constituyen estructuras propias del sistema de defensa. El tramo siguiente, denominado faringe inferior participa activamente en el fenómeno de la deglución.

En la zona delantera del cuello, en posición antero inferior respecto a la faringe, encontramos la laringe. Se inicia con un apéndice de estructura cartilaginosa denominado epiglotis, que regula la dinámica de apertura/cierre de las vías respiratorias para acoplarla al proceso de deglución. Continuando hacia los pulmones encontramos los pulmones, zona donde se sitúan las cuerdas vocales. Se trata de unos repliegues membranosos que, mediante un complejo mecanismo dirigen el flujo de aire y permiten la fonación y el habla. Se sitúan en dos zonas cercanas a la mitad de la glotis. Entre ambas zonas existe una cavidad denominada ventrículo de Morgagni. En las paredes de la laringe encontramos numerosos cartílagos, que posibilitan su función. Estos son el c. epiglótico, el tiroideo, el cricoides, los aritenoideos, los corniculados y los cuneiformes.

En posición inferior, y a continuación de la laringe, encontramos la tráquea. Se compone de una serie de anillos cartilaginosos que no están completamente cerrados en su cara posterior, para permitir la deformación propia del paso de alimentos por el esófago. Mide ~12 cm y se ramifica finalmente dando lugar a los bronquios y los bronquiolos, ambos formados por la repetición de anillos cartilaginosos completamente cerrados.

Los bronquiolos acaban en una especie de bolsas microscópicas de pared muy fina denominadas alveolos, en los que se produce el intercambio gaseoso.

La expansión de la cavidad pulmonar hace disminuir la presión en su interior. La compresión genera el efecto contrario. Ambos procesos se consiguen mediante la contracción y relajación del diafragma.

Puede completarse la fisiología pulmonar con los siguientes puntos:

- Presiones parciales de los gases y fisiología del buceo
- Fenómenos curiosos de base respiratoria (tos, estornudos, suspiros, bostezos, hipo,...)

8. HÁBITOS SALUDABLES

Es recomendable, y en nuestro país resulta prácticamente de obligado cumplimiento, la **vacunación** contra ciertas enfermedades respiratorias como la difteria. (Puede completarse esta información, para cada comunidad autónoma, consultando los calendarios de vacunación y lugares en la web http://www.msc.es/ciudadanos/proteccionSalud/infancia/vacunaciones/prog rama/vacunaciones.htm)

Un hábito importante, aunque no de aplicación frecuente, es la **vacunación** contra ciertas enfermedades **antes de realizar algún viaje a zonas con riesgo**. El Ministerio de Sanidad y Consumo, a través de los Centros de Vacunación Internacional, tiene desarrollados programas de vacunación contra enfermedades relacionadas con el aparato respiratorio para aquellas personas que realicen viajes a ciertos países. Actualmente estos centros dispensan vacunas contra la difteria. Aunque no exista una vacuna de aplicación general contra otras enfermedades, como la malaria, que afectan a la sangre, en estos centros también pueden informarnos sobre precauciones ante el riesgo de infección. Antes de realizar un viaje a un país que no conocemos es recomendable informarse sobre este asunto en www.msc.es/cvi o en el teléfono 901 100 400.

Otros hábitos saludables más comunes, respecto al aparato *circulatorio* serían:

- El consumo de alimentos ricos en colesterol y grasas saturadas favorece la aparición de placas de ateroma, por lo que conviene limitarlo. Las grasas insaturadas parecen revertir, muy ligeramente, este efecto, por lo que están empezando a recomendarse.

- Si algunas infecciones dentales no se cuidan adecuadamente pueden dar lugar a episodios puntuales de septicemia que, si bien pueden sanar en unos días, suelen dejar lesiones permanentes en las válvulas cardiacas (especialmente en la mitral y la aórtica)

- Ciertas sustancias del tabaco potencian la formación de placas de ateroma, con el consiguiente riesgo de angina de pecho o infarto.

- Conviene no permanecer de pie, en posición estática, durante largos periodos, ya que ello favorece la aparición de varices.

- Ciertas situaciones de tensión nerviosa elevan la presión sanguínea, por lo que conviene controlarlas.

- Evitar el tabaco, por los efectos nocivos que producen ciertas sustancias

Otros hábitos saludables más comunes, respecto al aparato *respiratorio*, serían:

- Evitar el tabaco, por los efectos nocivos que producen ciertas sustancias como la nicotina, el alquitrán, monóxido de carbono,... Muchas de estas sustancias provocan la disfunción de los cilios de la tráquea, pudiendo llegarse a la pérdida total de estos, con lo que eso supondría para el tráfico de las vías respiratorias

- Evitar los cambios bruscos de temperatura que pueden dar ocasión a infecciones por bacterias oportunistas de la flora habitual. Además, el frío va asociado a broncoconstricción.

- El ejercicio físico frecuente favorece la ventilación pulmonar

- En ciertas profesiones, como las industrias químicas o mineras, debe controlarse la exposición prolongada de los trabajadores a ciertos productos (derivados clorados, ácido nítrico, asbesto,...) que producen inflamación de las vías respiratorias y pueden ocasionar problemas mayores

9. PRINCIPALES ENFERMEDADES

En este último apartado vamos a ver las principales alteraciones de los aparatos circulatorio y respiratorio. Existen otras muchas, pero destacamos las más frecuentes.

ENFERMEDADES COMUNES EN EL APARATO CIRCULATORIO

- **Varices**. Se trata de hinchazones en las venas de las extremidades inferiores, frecuentemente producidas por el deterioro de las válvulas semilunares. Como consecuencia, la sangre asciende con dificultad y se acumula, engrosando la venas y apareciendo las formas características.
- **Arteriosclerosis**. Consiste en el endurecimiento de las paredes de las arterias, con la consecuente pérdida de elasticidad e incremento de su grosor. Con frecuencia, se produce por el exceso de colesterol en sangre, que se deposita en forma de *placas de ateroma* en las paredes arteriales. El tratamiento consistirá en reducir el avance de la enfermedad mediante medidas dietéticas (reducir la calorías ingeridas, dejar de fumar, dietas bajas en colesterol...), farmacológicas (vasodilatadores, por ejemplo) o, incluso quirúrgicas (reparando la zona enferma).
- **Embolia**. Se trata de la obstrucción de un vaso por un coágulo. Si el atasco se produce en el cerebro se llama **embolia cerebral**, si se produce en el pulmón, **embolia pulmonar**.

- **Angina de pecho**. Se trata de un dolor torácico momentáneo en la cara anterior del pecho. Puede aparecer al realizar un esfuerzo que reclame un mayor aporte de oxígeno por parte del corazón; éste no hace eco a la respuesta por la existencia, frecuentemente, de un trombo. Suele preceder al infarto.

- **Infarto de miocardio**. El infarto es una lesión agua del miocardio con necrosis por falta de oxígeno. Con frecuencia es consecutivo a una esclerosis avanzada. A diferencia de la angina de pecho, el dolor no calma con el reposo. Viene producido, en la mayoría de los casos, por hipertensión, diabetes o consumo de tabaco.
- **Insuficiencia cardíaca**. Es la imposibilidad del corazón de vaciarse adecuadamente, frecuentemente producido por el mal funcionamiento de alguna válvula.

- **Arritmia**. Se trata de un ritmo cardíaco variable producido por una producción irregular de estímulos del nodo sinoauricular.

- Otras alteraciones del aparato circulatorio: endocarditis, pericarditis, fiebre reumática, bradicardia, taquicardia...

ENFERMEDADES COMUNES EN EL APARATO RESPIRATORIO

- **Faringitis y laringitis**. Se trata de la inflamación de la faringe y la laringe, respectivamente. Suelen estar acompañadas de otras dolencias como la *rinitis, bronquitis* o la *traqueítis*.

- **Sinusitis**. Es la inflamación de los senos paranasales (uno o más de ellos), con la consecuente acumulación de moco en estas zonas. En estos casos se suele tratar con vasoconstrictores, calor o antibióticos en el caso de ser de origen bacteriano.

- **Asma**. Es la disminución del diámetro de los bronquios debido a una reacción alérgica o infecciosa. El tratamiento que se lleva a cabo dependerá del alérgeno que ha producido el problema.

- **Amigdalitis**. Inflamación de las amígdalas (anginas) por infección viral o bacteriana. Los síntomas que presenta esta enfermedad son fiebre, enrojecimiento de las amígdalas y pus.

- **Traqueítis y traqueuobronquitis**. Es la inflamación infecciosa del árbol bronquial. Frecuentemente, esta enfermedad acompaña a gripes mal curadas que debilitan al organismo y que han permitido la infección bacteriana. Los síntomas son tos seca, dolor torácico, y se cura con antibióticos, antitusígenos y antipiréticos. Si no se trata bien puede aparecer una bronquitis crónica.

- **Neumonía**. Es una enfermedad inflamatoria del pulmón en la que los alveolos están llenos de líquido y células sanguíneas. Si ha sido provocada por bacterias se llama *neumonía bacteriana*. Los síntomas más frecuentes son tos, fiebre, moco y dificultades respiratorias en general. Se trata con antipiréticos, analgésicos y antibióticos.

- Otras enfermedades relacionadas con el aparato respiratorio: infarto de pulmón, edema pulmonar, cáncer de pulmón...

10. CONCLUSIÓN

En 1553, en una inmensa obra de varios volúmenes denominada *Christianismi Restitutio*, de fines teológicos, se encuentra, en una breve anotación perdida en el libro número 5, la primera explicación de cuál parecía ser el camino seguido por la sangre desde el corazón a los pulmones y de vuelta al corazón. El médico aragonés Miguel Servet había descrito por primera vez la circulación menor de la sangre.

Años más tarde, otro médico, el inglés William Harvey, establecía las bases de la circulación general de la sangre. El conocimiento sobre la dinámica de la sangre en el cuerpo ha experimentado grandes avances, así como el correspondiente a los mecanismos que permiten su oxigenación cíclica a nivel pulmonar.

En esta exposición he tratado de exponer brevemente la estructura y funcionamiento de ambos sistemas, finalizando con una escueta referencia a algunos hábitos saludables y a las principales patologías que presentan, Con esto, doy por terminada mi lectura.

Bibliografía útil:

GUYTON, A.C. y HALL, J.E. (2003) "Tratado de fisiología médica", 10ªed, Ed. McGraw-Hill

TORTORA, G.J. y GRABOWSKY, S.R. (2005) "Principios de anatomía y fisiología", 9ªed, Ed. Oxford.

THIBODEAU, G.A. y PATTON, K.T. (2007) "Anatomía y fisiología", 4ªed, Ed. Interamericana-McGraw-Hil

TEMA 54

NUTRICIÓN Y ALIMENTACIÓN. HÁBITOS SALUDABLES. PRINCIPALES ENFERMEDADES. LAS PERSONAS COMO CONSUMIDORES.

0. INTRODUCCIÓN

El estudio de la habilidad de nuestro organismo para distribuir los componentes que es capaz de extraer de los alimentos reviste un interés especial. Resultan patológicos tanto los déficits de ciertos compuestos como los excesos de otros,... así mismo, no son sólo las anormalidades referidas a un nutriente concreto las que pueden resultar patológicas. El defecto global de ingesta calórica (inanición) o el exceso de ingesta global (obesidad) son dos circunstancias de alto riesgo para la salud y cuya incidencia poblacional es bastante similar. En concreto, a partir del año 2000, la cifra de personas obesas iguala, e incluso supera ligeramente a la de desnutridos.

En este tema, trataré de exponer los aspectos esenciales de la nutrición en las personas, las principales situaciones patológicas relacionadas y los hábitos saludables que deberían caracterizar a las personas como consumidores. Me basaré en el siguiente orden (es muy conveniente exponer con claridad, aquí al principio, el orden que se va a seguir, leer el índice de una forma ágil)

1

1. NUTRICIÓN Y ALIMENTACIÓN

La **alimentación** es un conjunto de actos de carácter voluntario que permiten a la persona captar de su entorno aquellos materiales que le pueden proporcionar un aporte nutritivo. La **nutrición** engloba el conjunto de procesos, involuntarios, mediante los que el organismo gestiona el alimento ingerido, extrae de él los componentes que le son útiles y desecha el resto.

Como puede verse, la alimentación es educable, por lo que sus trastornos requerirán generalmente un tratamiento basado en la información del consumidor y, en caso necesario, las acciones pertinentes desde el campo de la psicología/psiquiatría para llevar a unos hábitos alimenticios correctos. Por el contrario, al tratarse de un proceso involuntario, los trastornos en la nutrición suelen obedecer a defectos en la absorción/digestión de un determinado componente de la dieta, a reacciones alérgicas ante él, a trastornos hormonales... por lo que suelen requerir una observación más minuciosa y un tratamiento farmacológico más dirigido a los mecanismos de captación de nutrientes.

1.1. ¿Qué componentes forman parte del cuerpo humano?

En promedio, un 55-60% del peso corporal corresponde al agua. La grasa ocupa el segundo lugar con un 18% y las proteínas constituyen un 15%. Sorprendentemente, los hidratos de carbono (muy abundantes en la dieta) no sobrepasan el 1% en peso de un adulto estándar.

Respecto a los componentes minerales, el fósforo llega al 1%, el azufre está sobre el 0.3%, el potasio en el 0.2%, el cloro en el 0.15%, el sodio, muy similar, en el 0.14% y el magnesio constituye alrededor de un 0.05% del peso total de una persona. Numerosos elementos podrían incluirse en esta lista, pero todos ellos representan proporciones muy reducidas respecto a los ya citados.

El papel fundamental de los procesos de alimentación y nutrición es mantener esta composición corporal y hacerla compatible con el desempeño de las funciones vitales, que requieren un continuo y variable aporte energético. En definitiva, se trata de cubrir...

- ... una serie de necesidades estructurales (mantener esta composición química dentro de unos límites, la estructura general del organismo y su funcionamiento, desde los procesos macroscópicos como el latido del corazón hasta los más microscópicos como los propios de la fisiología celular)

- ... y una serie de requerimientos energéticos (recordemos que la vida como proceso, al oponerse al segundo principio de la termodinámica, precisa de un aporte energético continuo para poder mantenerse)

1.2. ¿Cuáles son las necesidades energéticas?

Las necesidades energéticas (o calóricas, según algunos textos) de las personas, dependen de diversos factores como la edad, las actividades físicas realizadas, el clima, el sexo,... Por ello, los valores que aparecerán en mi exposición están sujetos a fluctuaciones. En concreto, se refieren a un adulto de 70 kg y actividad física promedio.

Una persona de estas características tiene una tasa metabólica basal (energía necesaria para mantener las funciones vitales básicas) de ~1700 Kcal. Su actividad diaria (considerada estándar) puede suponer ~1600 Kcal adicionales. A estos gastos energéticos puede sumarse un tercero, correspondiente al coste de extraer los nutrientes de los alimentos ingeridos, que englobaría los procesos de digestión, absorción, transporte y almacenamiento (~170 Kcal, que podríamos llamar "coste de nutrición").

Para estandarizar algunas propiedades de la **tasa de metabolismo basal**, conviene expresarla en términos relativos, es decir, en Kcal/Kg de peso corporal. Según estas unidades, se trata de una propiedad que es máxima a los 3-4 años, ligeramente inferior en mujeres y que aumenta con el frío. Para niños hasta los 3-4 años tendría un valor de ~50 Kcal/Kg, en jóvenes (hasta 15 años) tendríamos valores ligeramente inferiores (~40-45 Kcal/Kg) y en adultos iríamos a valores cercanos a la mitad (~25 Kcal/Kg).

El **coste de nutrición**, aunque no existe una forma nítida de medida que permita disponer de valores exactos, suele considerarse alrededor de un 8-9% de las calorías aportadas por los alimentos ingeridos. Este valor es mayor para las proteínas y menor para las grasas.

1.3. Balance energético y variaciones del peso corporal

Una dieta completa, entre otras cosas, debe asegurar a la persona que las calorías ingeridas y el gasto energético total participan de un equilibrio que permite mantener constante el peso corporal dentro de unos límites.

Un exceso de calorías en la dieta lleva a un incremento de peso, generalmente materializado en un aumento de las reservas de grasa. Esto es así porque los excesos tanto de proteínas como de hidratos de carbono se transforman en grasas y pasan, junto con el exceso de éstas, a engrosar la reserva adiposa.

Una medida de la idoneidad del peso corporal es el índice de masa corporal (IMC). Se calcula como la masa (en Kg) dividida por la altura al cuadrado (en m). Si el valor se halla entre 20-22.5 consideraremos un peso idóneo. Las fluctiaciones serán consideradas como diversos grados de delgadez o sobrepeso. Algunos manuales de nutrición hablan de obesidad a partir de valores de 25. No obstante, esta reviste una peligrosidad importante cuando se superan el valor de 40. Cabe señalar, finalmente, que el IMC es un intento de cuantificar una cualidad enteramente subjetiva ("idoneidad del peso corporal"), sujeta a variaciones culturales, familiares, históricas,... por lo que no se deben hacer extrapolaciones fuera del ámbito de las implicaciones sanitarias/científicas que pueda tener este índice.

En caso de ayuno prolongado, el cuerpo empieza a quemar sus reservas. Empieza por el glucógeno hepático y muscular, pasando seguidamente a movilizar y degradar los triglicéridos del tejido adiposo blanco. Si el estado de ayuno llega a fases más tardías, el organismo empieza a fabricar glucosa a partir de aminoácidos (gluconeogénesis) provenientes de músculo o de otras zonas, con lo que empiezan a deteriorarse procesos fisiológicos básicos.

1.4. Los diferentes grupos de nutrientes

1.4.1. Los hidratos de carbono

Los monosacáridos se absorben en el intestino mediante mecanismos que consumen ATP. Los disacáridos son transformados en monosacáridos por enzimas específicas de la mucosa intestinal.

La digestión de polisacáridos hasta monosacáridos es algo más compleja. Para empezar, uno de los más abundantes en la dieta (la celulosa, formada por glucosas unidas por enlaces β-1$\rightarrow$4) no puede ser degradada por ningún enzima del aparato digestivo humano. El almidón es transformado en fragmentos más pequeños y, finalmente, en glucosas individuales por dos tipos de enzimas: la amilasa salival y la amilasa pancreática.

Si los monosacáridos son ingeridos directamente o en forma de disacáridos, su absorción es rápida y su nivel en sangre aumenta repentinamente. No obstante, numerosos mecanismos devuelven rápidamente la glucemia a sus valores habituales (como se verá en el capítulo 55 sobre el medio interno). En cambio, si el aporte glucídico proviene del almidón, su absorción es más sostenida.

Los monosacáridos que entran en sangre siguen tres destinos fundamentalmente:

- Introducirse en el metabolismo y servir como combustible (ver tema 23 donde se explica, mediante un cuadro, el punto de entrada de cada monosacárido en las rutas metabólicas generales)

- Almacenarse en forma de glucógeno en el hígado o en el músculo. El cuerpo humano alberga un promedio de ~100g de glucógeno en el hígado y ~500g en el total de masa muscular

- Transformarse en triglicéridos y ser almacenados en el tejido adiposo

El valor calórico teórico no es el mismo para cada tipo de glúcido. Por ejemplo, la glucosa aporta 3.7 kcal/g, la sacarosa 3.9 kcal/g y el almidón 4.2 kcal/g.

He comentado la no-digestibilidad de la celulosa. Esta propiedad la comparte con una serie de compuestos glucídicos que constituyen lo que denominamos "fibra". El nombre no es del todo adecuado porque no se trata de moléculas dispuestas en todos los casos en forma de fibras, pero se ha estandarizado su uso. Este grupo está constituido por la celulosa, las hemicelulosas, algunas gomas vegetales y las pectinas.

Esta fibra tiene capacidad de hidratarse, con lo que da volumen al bolo intestinal y a las heces, permitiendo una mayor fluidez y velocidad del tránsito intestinal. Este componente de la dieta, si bien no es incorporado al torrente sanguíneo sino eliminado, juega un papel importante en la prevención de cáncer de colon y dilataciones intestinales (diverticulosis).

Además de retener agua, la fibra tiene capacidad de retener ácidos biliares y otros esteroides, mecanismo mediante el que, como efecto secundario, se reduce la concentración sanguínea de colesterol.

1.4.2. Las grasas o lípidos

Técnicamente, la denominación "lípidos" engloba a la de "grasas" (ver Tema 23 para una buena clasificación de los lípidos). No obstante, muchos textos de nutrición los emplean como sinónimos, por lo que, exclusivamente en este apartado, me referiré a veces con el nombre de grasas a "cualquier lípido presente en la dieta".

Mientras los hidratos de carbono tienen valores calóricos cercanos a 4, las grasas en general son mucho más energéticas, presentando valores cercanos a 9 kcal/g, ligeramente superiores en la grasa de origen animal (~9.5kcal/g).

Los usos de cada tipo de lípido en el cuerpo fueron expuestos en detalle en el Tema 23 (puede irse allí para ampliar información). Los más abundantes en la dieta tienen, básicamente los siguientes destinos: los triglicéridos se almacenan y se queman cuando hay una demanda energética, los fosfolípidos son incorporados generalmente a las membranas biológicas, y el colesterol puede seguir una gran variedad de destinos (membranas celulares, síntesis de hormonas esteroideas y sales biliares,...

Por lo general, las grasas, al llegar al intestino, son dispersadas en forma de pequeñas gotas gracias a la acción de las sales biliares. Sobre estas gotas actúan las moléculas de lipasa pancreática, produciendo ácidos grasos y glicerol. Se hidrolizan también los fosfolípidos separando la fracción polar (colina, etanolamina,...) del ácido graso, así como también quedan hidrolizados los ésteres de colesterol. Una vez absorbidos, en la misma mucosa intestinal, muchos lípidos son reesterificados y de esta forma se transportan. Para su transporte, se incluyen en unas estructuras complejas de naturaleza lipídico-proteica, que pueden ser de tres tipos:

- Quilomicrones (QM) → son partículas de gran tamaño (75-1200 nm), fabricadas por los mismos enterocitos. Están compuestas principalmente (~85%) por triglicéridos, aunque incorporan también fosfolípidos, colesterol, ésteres de colesterol y pequeñas cantidades de una proteína especial denominada ApoB48. Los QM son vertidos a la circulación linfática muy cerca de su lugar de producción y son cedidos al torrente sanguíneo a nivel de la vena subclavia. Ya en la sangre, intercambian materiales con otras lipoproteínas (las HDL, que citaré después). Éstas les ceden dos proteínas más (ApoC2 y ApoE). La ApoC2 es imprescindible para que los lípidos del QM puedan ser cedidos a nivel de los tejidos de destino (básicamente, tejido adiposo, músculo esquelético, músculo cardiaco e hígado). Estos tejidos presentan lipoproteína lipasa, que se activa por la ApoC2 que traen los QM y permite que sus componentes sean transferidos al tejido. La ApoE constituye una señal de reconocimiento, junto con la ApoB48, para que el QM sea endocitado por los hepatocitos y destruido tras realizar su función.

- VLDL (lipoproteínas de muy baja densidad) → se trata de lipoproteínas de menor tamaño (30-80 nm) pero que transportan componentes muy similares a los QM, aunque estos componentes son en este caso de origen endógeno. Son fabricadas en el hígado a partir de los QM destruidos y reciben la proteína ApoB100 en vez de la ApoB48. También reciben ApoC2 y ApoE de las HDL en sangre. A medida que van cediendo TAGs, se van transformando en IDL (lipoproteínas de densidad intermedia). De estas, el 50% entran en el hígado y son destruidas. La otra mitad pierden la ApoE y se transforman en LDLs, que veremos a continuación.

- LDL (lipoproteínas de baja densidad) → tienen un tamaño muy pequeño (~22 nm) y presentan, como proteína mayoritaria, la ApoB100. Transporta TAGs y colesterol desde el hígado a los tejidos. Es detectada por unas glucoproteínas de la pared de los vasos y se acumula formando las conocidas placas de ateroma. Por ello, el colesterol de las LDL es llamado coloquialmente "colesterol malo". No es el colesterol en sí lo que es detectado por los vasos sino uno de sus transportadores en sangre.

- HDL (lipoproteínas de alta densidad) → su tamaño es menor que el de todas las vistas hasta ahora (8-11 nm). Su función, además de las cesiones proteicas que he comentado, es transportar colesterol desde los tejidos al hígado. Aproximadamente el 30% del colesterol que recibe el hígado, para transformarlo en compuestos eliminables (como las sales biliares), proviene de esta vía. Es por esta capacidad para sustraer colesterol de los tejidos y llevarlo a lugares donde es posible su eliminación parcial, por lo que se llama al colesterol asociado a HDL "colesterol bueno". En realidad, el colesterol es la misma molécula en HDL que en LDL. Son el *"dónde vas"* y *"cómo vas"* el tipo de preguntas que, mediante un lenguaje químico, el cuerpo le plantea al colesterol y con ello determina su destino.

Antes de acabar con los lípidos, señalar que, si bien, como he comentado, la función básica de los ácidos grasos es energética, algunos de ellos constituyen compuestos esenciales de rutas biosintéticas. En este sentido, es importante señalar que la dieta debe contener cierto porcentaje de ácidos grasos mono y poliinsaturados (más abundantes en la grasa de origen vegetal). Resaltaremos la importancia del aceite de oliva en el apartado 2 en este aspecto.

1.4.3. Las proteínas

Esencialmente, las proteínas ingeridas son fragmentadas por los procesos digestivos y, una vez incorporadas a la sangre, cumplen tres funciones:

- La mayoritaria, servir de sustrato material para la síntesis de nuestras proteínas, que son diferentes de las ingeridas

- Otra de menor importancia como incorporarse a la biosíntesis de algunos productos nitrogenados no proteicos (componentes de los ácidos nucleicos, hormonas no proteicas,...)

- Una que sólo se produce en casos extremos: servir de sustrato energético

Desde el punto de vista de la alimentación a escala mundial, las proteínas constituyen el componente más crítico, escaso y caro de la dieta.

En el tema 52 se han comentado los diferentes procesos de digestión proteica. No entraré en ellos. Simplemente añadiré que su absorción es mayoritariamente a nivel intestinal y que consume ATP. Los aminoácidos así captados pasan a sangre y al hígado, donde se gestiona su destino.

El destino principal, como he comentado, es la renovación de la masa proteica corporal. Del conjunto de proteínas (que en un adulto vienen a pesar unos 10-12 kg), cada día se hidrolizan y se renuevan unos 240-250g, de los que ~50g son incorporados al ciclo de la urea. El N que contienen estos aminoácidos es incorporado en la urea y eliminado con la orina. El C y el H son incorporados al ciclo de Krebs y rinden pequeñas cantidades de energía.

No todos los órganos renuevan su contenido proteico a la misma velocidad. Po ejemplo, las proteínas del hígado, riñones, corazón y suero sanguíneo tienen una vida media de 10 días, mientras que en de músculo esquelético y piel este valor sería de ~150 días. En promedio, una proteína dura 80 días en el cuerpo.

¿Cuántas proteínas debemos ingerir en la dieta?

Se recomienda, para niños, un total diario de ~1.8g/Kg de peso corporal. En adolescentes este valor sería de ~1 y en adultos de ~0.8. Además, a partir de los 15 años, estas necesidades son diferentes según el sexo, teniendo valores ligeramente superiores en hombres que en mujeres.

La diferencia entre ingestión y pérdida de proteínas la llamamos balance proteico. Es nulo en adultos normales, negativo en casos patológicos (que comentaré en el apartado 3) y puede ser positivo en épocas de crecimiento, embarazo o en deportistas sujetos a entrenamientos que impliquen un aumento de masa muscular.

¿Son las proteínas de todos los alimentos igual de necesarias?

Analizaré, en este subapartado final, dos parámetros de las proteínas de la dieta que me parecen relevantes: la digestibilidad y la calidad.

La digestibilidad podría medirse como el porcentaje de una proteína que es finalmente incorporado al torrente sanguíneo tras los procesos digestivos. La digestibilidad de las proteínas de alimentos como la carne, el huevo, la leche o el pan, es muy elevada. La de otros alimentos, como el centeno o las legumbres, es mucho menor.

La calidad de una proteína se mide generalmente por el parámetro "valor biológico". Este nos informa de la cantidad de aminoácidos esenciales diferentes que nos aporta. Si una proteína aporta cantidades suficientes de los 8 aminoácidos esenciales, diremos que su valor biológico es del 100%. Ejemplos de proteínas de alto valor biológico son la caseína de la leche y la ovoalbúmina del huevo. Existen índices más elaborados que consideran que algunos aminoácidos no esenciales pueden ser fabricados exclusivamente a partir de un aminoácido esencial concreto (p.e. cisteína a partir de metionina, o tirosina a partir de fenilalanina). Por ello, la carencia de estos aminoácidos esenciales no puede ponderarse igual en el índice que, por ejemplo, la carencia de lisina. Ya que los primeros estarían provocando la escasez de 2 aminoácidos más.

1.4.4. Las vitaminas

El tema 24 de este temario tiene un apartado entero dedicado a estas moléculas. Pueden extraerse datos muy válidos para comentarlos en este tema 54. Por ejemplo, conviene explicar brevemente, en este tema 54, qué son y para qué sirven los ejemplos más importantes de vitaminas. Y continuar como sigue...

Una vez comentadas brevemente las principales vitaminas y su función en el cuerpo, pasemos a comentar algunos aspectos nutricionales importantes de las vitaminas principales. Empezaré hablando de las hidrosolubles, cuyo almacenamiento en el cuerpo es más difícil y por ello son un constituyente más requerido en la dieta, y pasaré a comentar algunos datos de las vitaminas liposolubles.

Vitamina C:

No existe un acuerdo claro sobre la dosis diaria recomendada, pero ésta se sitúa entre 60-120mg. En total, el cuerpo de un adulto tiene ~1500 mg. El tabaco, el uso de algunos anticonceptivos o la presencia en el cuerpo de tejidos en cicatrización requieren que el contenido total de vitamina C sea mayor.

La vitamina C es abundante en las coles, cítricos, fresas,... mientras que es escasa en los cereales.

Vitamina B_1 (tiamina):

Se recomienda una ingestión diaria de 1-1.5 mg, para alimentar un depósito corporal total de unos 30 mg. En su mayor parte, la vitamina B_1 está esterificada en forma de pirofosfato de tiamina.

Esta vitamina está presente en muchos alimentos. Abunda en las legumbres, nueces, hígado, carnes, leche y en los cereales enteros (aunque escasea en los refinados). En algunos países con dietas basadas en cereales refinados, se enriquecen las harinas y el arroz con tiamina.

Tanto los tratamientos con calor como la adición de conservantes que contengan nitritos o bisulfitos, reducen drásticamente la cantidad de vitamina B_1.

Vitamina B_2 (riboflavina, lactoflavina)

La dosis diaria recomendada es de 1.2-1.6 mg. La encontramos en la leche, hígado, carnes, huevos, cereales enteros, legumbres y verduras.

Vitamina B_3 (factor PP o niacina)

Se recomienda un consumo diario de 15-20 mg. Se encuentra en hígado, carnes, leche, huevos, peces, cereales enteros, frutos secos, levadura,...

Vitamina B_6 (piridoxina)

Lo encontramos en hígado, carne, pescado, leche, huevos, cereales enteros, legumbres y algunas verduras. Se recomienda un consumo diario de ~2mg.

Vitamina B_{12} (cobalamina)

La cantidad diaria recomendada es muy baja (~3μg). Se encuentra en hígado, carnes, marisco, huevos, leche, levadura,... pero no en vegetales. Los preparados vitamínicos en los que se combina con vitamina C hay que evitarlos porque se producen reacciones químicas cruzadas que alteran la composición.

Vitamina B_9 (ácido fólico)

Diariamente se recomienda una dosis ligeramente superior a la cobalamina (0,4-0,8 mg). La carencia de ácido fólico es rara, ya que se encuentra en muchos alimentos: hojas vegetales frescas (de donde le viene el nombre), naranjas, nueces, hígado, carnes, cereales enteros y levadura.

Vitamina A

Existe mucha discusión a cerca de la cantidad diaria que debe ingerirse (los valores oscilan entre 0,8 y 2,7 mg/día). Su fuente principal es la ingestión de carotenos., que se transforman en el hígado a vitamina A. El exceso de carotenos se acumula en el tejido adiposo, sin causar aparentemente problemas. Contrariamente, numerosos escritos relacionan concentraciones altas de β-caroteno con la prevención de algunos tipos de cáncer.

Los principales alimentos que contienen vitamina A directamente son el hígado, la carne de ave, el pescado graso y diversos productos lácteos. Los carotenoides (sus inmediatos precursores químicos) son abundantes en zanahorias, naranjas, maíz y otros frutos que tengan colores rojos o amarillos, algunas verduras,...

Vitamina D

Se recomiendan ingestas diarias muy bajas (~5-10μg). Esto se explica porque gran parte de la vitamina D del cuerpo proviene, sobre todo en regiones soleadas, de la transformación del 7-dehidrocolesterol presente en la piel. Existen, no obstante, numerosos alimentos que la contienen. Como algunos derivados lácteos, la yema de huevo, los aceites de pescado,...

Vitamina E

Se encuentra en los aceites de origen vegetal, preferiblemente en aquellos que tienen una mayor concentración de ácidos grasos insaturados, como el de oliva. También pueden encontrarse en la fracción lipídica de muchas hortalizas verdes. No se recomienda una ingesta muy elevada (~10-20mg/día).

1.4.5. Minerales

Los elementos minerales abundan en la mayoría de alimentos. Sus carencias son raras, aunque en algunas regiones pueden aparecer (como ocurre con la carencia de yodo).

Ya se ha comentado la importancia en el cuerpo de diversos minerales (Tema 23). Me centraré ahora en algunas propiedades de los mismos relacionados con los procesos de nutrición. Después de enunciar cada elemento por primera vez, citaré entre paréntesis la cantidad diaria recomendada en la dieta.

El **calcio** (0.8-1 g) debe ingerirse en mayores cantidades en épocas de crecimiento y, en las mujeres, cuando llega la menopausia. La absorción de calcio viene favorecida por el ácido láctico o el ácido cítrico. Otros ácidos presentes en vegetales (ácido fítico y ácido oxálico) disminuyen su absorción. Por ello el calcio presente en tomates, espinacas,... no constituye un aporte importante. El calcio se obtiene principalmente de los productos lácteos, yema de huevo, nueces, almendras, naranjas, cereales enteros,...

El **fósforo** (0.8-1 g) puede obtenerse de derivados lácteos, yema de huevo, carnes, hígado, pescado, legumbres, patatas, nueces, verduras,...

El **magnesio** (0.15-0.35 g) está presente en numerosos alimentos. Destacaré los frutos secos, el cacao, los mariscos, y otros más habituales (cereales, leche, carne...).

El **sodio** y el **cloro**, ingeridos normalmente como cloruro sódico (0.5-2.5 g, según la tendencia de la persona a la hipertensión) se encuentran principalmente en la sal común. Algunos alimentos presentan un aporte especial de sodio: clara de huevo, quesos, pescado,... El potasio (0.75-2 g) se encuentra en alimentos comunes (huevo, carnes, pescado) y destaca su presencia en algunas frutas, especialmente naranjas, plátano y albaricoques).

El **azufre** suele ingerirse con las proteínas o en formas de sulfatos presentes en frutas, verduras y hortalizas.

Estos serían los minerales más frecuentes. No obstante, el cuerpo necesita otros muchos elementos en menores cantidades.

El **hierro** (5-30 mg) debe incrementarse en la dieta en mujeres gestantes y lactantes. Suelen utilizarse preparados de sulfato ferroso que se absorben muy bien con zumo de naranja.

El **flúor** (1.5-3.5 mg) suele aportarse en el agua potable, cuyo contenido en F varía mucho entre diferentes regiones. Además puede ingerirse a partir de muchos alimentos. Es ligeramente mayor su concentración en pescado. Un efecto curioso de la sobredosis por flúor es el moteado de los dientes.

El **yodo** (0.1-0.15 mg) se obtiene del pescado y, en algunas zonas como Japón, de las algas. Los mariscos, las carnes, leche y huevo también son ricos en este elemento.

El **cinc** (15 mg) se encuentra en casi todos los alimentos. Aunque el que proviene de los vegetales se absorbe peor.

Puede continuarse esta descripción con el cobre, cobalto, molibdeno, manganeso,... pero no conviene tampoco cansar en exceso al tribunal.

2. PRINCIPALES ENFERMEDADES

Podemos señalar múltiples patologías causadas por una mala gestión de los alimentos absorbidos o digeridos, así como por un acceso indebido (por exceso o por defecto) a los alimentos disponibles. Expondré a continuación las patologías más relevantes a este respecto.

2.1. Desórdenes en la cantidad de ingesta

La **anorexia** es un trastorno nervioso caracterizado por una visión exageradamente negativa del propio cuerpo y un temor a aumentar de peso. El grupo humano con mayor incidencia es el de mujeres de edades comprendidas entre 12 y 25 años. Diversas características pueden observarse en pacientes con esta patología: descamación y falta de hidratación de la piel, fatiga, hipotermia en pies y manos, pérdida de la menstruación,... Puede llegarse en ocasiones a trastornos irreversibles del sistema nerviosos y, en algunos, casos, la paciente puede morir.

La **bulimia** es una alteración psicológica que repercute en las pautas de alimentación. La persona sufre crisis en las que ingiere alimentos compulsivamente y luego, en otros momentos, se siente culpable de su acción y se provoca el vómito o sigue alguna otra pauta de comportamiento impulsiva (ejercicio físico intenso, ingesta de laxantes y diuréticos,...) que le evite la sensación de que va a ganar peso. Los ataques de ingesta abundante suelen alternarse con otros períodos de ayuno.

Denominamos **kwashiorkor** a un problema de desnutrición asociado a baja ingesta calórica, caracterizado por una pérdida generalizada de masa proteica. La desnutrición excesiva fuerza al cuerpo a destruir sus propias proteínas con fines energéticos, con lo que se pierden muchas funciones básicas. Una muy usual es pérdida de la capacidad de distribuir correctamente los líquidos en el cuerpo, lo que se manifiesta en el característico edema abdominal que vemos en quienes sufren esta patología.

Denominamos **caquexia** (o marasmo) a una patología, típica de niños, caracterizada por un bajo aporte de calorías generalizado. Lleva asociada una gran pérdida de peso y una atrofia del tejido adiposo de tal magnitud que tras una deformación superficial (por ejemplo, un pellizco) la piel queda arrugada durante cierto tiempo.

La **obesidad** se deriva de una ingesta excesiva en cuanto a cantidad. Ya han sido citados algunos criterios para determinar la existencia o no de esta patología. Tiene numerosas consecuencias graves, de entre las cuales la más peligrosa es el riesgo de enfermedades cardiovasculares asociadas.

2.2. Reacciones adversas ante nutrientes habituales

La **intolerancia a la lactosa** (o hipolactasia) es una alteración de los niveles de lactasa, que se vuelven anormalmente bajos. Puede tratarse de una condición congénita, provocada por algunas enfermedades intestinales (como la giardiasis), o adquirida por hábitos dietéticos. Se considera que el 70% de los adultos a nivel mundial padecen esta condición, por lo que no debe emplearse el término "anomalía" para designarla. En ausencia de una correcta digestión de la lactosa, algunas bacterias entéricas dirigen su metabolismo (mediante modulación del operón lac) hacia el consumo de este disacárido que se ha vuelto abundante. Ello conlleva una producción de gas elevada por fermentación con los síntomas intestinales que suele llevar asociados.

La **intolerancia al gluten** (proteína muy abundante en el trigo, compuesta por gliadina y glutenina), también llamada enfermedad celíaca, consiste en una reacción de hipersensibilidad generada en la persona a partir del contacto con esta proteína. Suele diagnosticarse en niños, aunque últimamente se han detectado muchos casos que no habían sido observados hasta llegar a la edad adulta. Sus síntomas son muy variados e incluyen, entre otros, diarreas frecuentes, pérdida de las vellosidades intestinales, dolor abdominal frecuente,... los pacientes experimentan una mejoría muy notable al eliminarse el gluten de su dieta.

2.3. Enfermedades por déficit de algún nutriente específico

El déficit de muchas de las vitaminas conocidas lleva asociado una serie de patologías denominadas en conjunto avitaminosis. Entre las más conocidas están las siguientes:

- la **xeroftalmia** (disminución del volumen lacrimal) y ceguera nocturna (dificultad para la visión a baja intensidad de luz) están causadas, entre otros orígenes, por una deficiencia de vitamina A

- la carencia de vitamina B_1 (tiamina) causa el **beriberi**, una patología que afecta principalmente a algunas zonas de Asia. Está asociada principalmente a dietas que tiene el arroz sin cáscara como alimento mayoritario. Puede darse también, en ocasiones, como un efecto secundario del alcoholismo crónico o de la cirugía de by-pass gástrica empleada en el

> La denominación "beriberi" es la traslación fonética de una frase escrita en cingalés, que se traduciría por "No puedo, no puedo". El cingalés es una lengua indoeuropea hablada por unos 14 millones de personas en Sri Lanka.

tratamiento de la obesidad. Sus síntomas incluyen debilidad, pérdida de peso, alteraciones nerviosas,... Puede desencadenar cuadros patológicos de deficiencia sensorial grave como la **encefalopatía de Wernicke**.

- la ingesta deficiente de niacina (vitamina B_3), bien por déficit dietético o por alteraciones de los mecanismos de absorción, causa la **pelagra**

(enfermedad que discurre con dermatitis, diarrea, demencia, alucinaciones,...)

- la **anemia megaloblástica** está causada por un déficit de vitamina B_{12} y ácido fólico. Se caracteriza por una gran concentración de eritrocitos inmaduros y no funcionales (megaloblastos) en la médula ósea. Una de las formas de esta patología es la anemia perniciosa.

- el **escorbuto** está causado por un déficit de vitamina C, necesaria en la síntesis del colágeno. Esta patología se caracteriza por manchas oscuras en la piel (especialmente en las piernas), pérdida de los dientes, sangrado de mucosas,...

> Un dato curioso: Alexander Graham Bell, el científico escocés que inventó el teléfono, murió de anemia perniciosa el 2 de agosto de 1922, por déficit de vitamina B_{12}. Pocos años más tarde, se conoció la sustancia que curaba esta enfermedad (la vitamina B_{12}, aislada de hígado). Sus descubridores (los estadounidenses Georges R. Minot y William P. Mupphy) recibieron el Premio Nobel de Medicina en 1934.

- el **raquitismo** (causado por déficit de vitamina D) se caracteriza por malformaciones esqueléticas. En lactantes, la carencia de vitamina D puede retrasar el cierre de la fontanela. En adolescentes es característica la forma doblada de las piernas, dolor al andar,...

Pueden darse casos de carencia de nutrientes de tipo mineral, como por ejemplo el yodo. En concreto, la carencia de yodo dificulta la función de la glándula tiroides, que experimenta un engrosamiento en consecuencia, asociado a una patología conocida como bocio.

2.4. Enfermedades por exceso de algún nutriente específico

Están descritos algunos tipos de hipervitaminosis. Se trata de una especie de intoxicaciones por dosis elevadas de ciertas vitaminas. Normalmente revierten sus síntomas al modificar los hábitos dietéticos. Suelen nombrarse según la vitamina que está en exceso.

La **hipervitaminosis A** lleva asociados síntomas como la caída de pelo, extrema sequedad en la piel y descamación, defectos hepáticos, una reducción de los niveles de minerales óseos, que puede derivar en osteoporosis,... entre sus causas más comunes está la ingestión exagerada de preparados vitamínicos. Entre sus causas curiosas (conocida ya desde escritos del siglo XVI) está la ingestión de hígado de oso polar, especialmente rico en vitamina A.

La **hipervitaminosis D** provoca deshidratación, vómitos, pérdida de apetito,... Ha sido descrita sólo en ocasiones muy raras. Por ejemplo, se conoce un caso histórico en el que hubo un error en la preparación industrial de pastillas enriquecidas en vitamina D, que salieron al mercado y provocaron algunos casos aislados de avitaminosis.

2.5. Enfermedades causadas por un mal estado de los alimentos

La **salmonelosis** está producida generalmente por el mal estado de derivados del huevo crudo que han sido mantenidos unas horas a temperatura ambiente antes de su ingestión. Bacterias del género *Salmonella*, frecuentes en la cáscara del huevo, se replican en el alimento y pasan a las vías digestivas. Allí provocan infecciones graves que cursan con deshidratación aguda, fiebres altas, y pueden ser mortales.

Otra toxiinfección alimentaria, típica de conservas en mal estado, es la producida por *Clostridium botulinum*. Esta patología, denominada **botulismo**, afecta al sistema nervioso central y puede provocar parálisis.

Recientemente, el consumo de pescado crudo o semicrudo, ha hecho saltar la alarma sobre otra toxiinfección importante: la **anisakiosis**. Está producida por parásitos de peces (como *Anisakis simplex* o similares) y produce dolor abdominal, cuadros de gastroenteritis, pudiendo provocar tambié cuadros alérgicos, urticarias, edemas,...

3. LAS PERSONAS COMO CONSUMIDORES. PRINCIPALES HÁBITOS SALUDABLES.

Un primer hábito saludable es la **consulta de información** sobre estos temas.

Evidentemente, la tradición, sobre todo en España, resulta una sabia escuela para educar los hábitos alimentarios. La comida tradicional suele contener aportaciones equilibradas de la mayoría de los nutrientes. No obstante, la adopción de costumbres provenientes de otras culturas con una tradición gastronómica menos equilibrada, u otros factores como la mucha ocupación, la falta de formación culinaria, la influencia de las empresas de alimentación que tienden a promocionar su producto y no persiguen como objetivo la dieta armónica... pueden haber derivado en que las dietas habituales de muchas personas no sean equilibradas. Este desconocimiento, como todos, necesita de un esfuerzo formativo, como el que se realiza desde los centros de enseñanza o mediante iniciativas dirigidas a adultos desarrolladas por instituciones públicas o por las mismas empresas privadas.

En la dirección   http://www.msc.es/ciudadanos/proteccionSalud/infancia/alimentacion/tema3.htm pueden encontrase los criterios que, desde el Ministerio de Sanidad y Consumo, se proponen para la elaboración de dietas equilibradas. Resultan una fuente de información segura las informaciones de la OMS sobre todos los aspectos de salud, incluidos los dietéticos. Aunque existe una gran variabilidad en lo que podrían llamarse "requisitos de una dieta equilibrada", los que cita la OMS actualmente pueden establecerse como referencia, sin excluir otros enfoques. Estos requisitos son:

- Deben cubrirse unas necesidades hídricas básicas, cifradas en 30-50g por cada kg de peso corporal y día.
- La energía proveniente de los hidratos de carbono debe superar ligeramente el 50% de la total.
- Un 30% debería corresponder a lípidos en general, con algunos matices. La proporción de lípidos de origen vegetal, provenientes del pescado y obtenidos de otras carnes, debe estar en torno a 1:1:1. De forma análoga, la proporción de ácidos grasos saturados : monoinsaturados : poliinsaturados es aconsejable que sea la misma. En este último aspecto radica la importancia del aceite de oliva.
- Para evitar dietas hiperproteicas, el conjunto de proteínas no debe aportar más del 12% de la energía total.
- Las vitaminas han de extraerse preferentemente de frutas y verduras.
- Los minerales han de ingerirse de forma equilibrada. Esto significa que la aabsorción de un tipo de mineral va asociada a la de otro y deben mantenerse las proporciones. Por ejemplo, la proporción potasio/sodio debe ser ~1.8.

Otros consejos dietéticos pueden encontrarse en otras fuentes oficiales o en las mismas páginas web de los centros comerciales. Si bien puede observarse un claro interés comercial, sus informaciones, publicaciones y cursos resultan de utilidad, sobre todo para personas que, por su nivel de formación, necesitan un lenguaje más accesible. Algunos ejemplos:

- http://consejos.mercadona.es
- http://www.consum.es/consum/static/cons/cons_formacion.shtml
- http://www.caprabo.es/sabor/sabor/sabor_es.html

Una información mucho más detallada y estructurada puede encontrarse en la web de la Sociedad Española de Nutrición Básica y Aplicada (www.semba.es).

Citaré ahora **otros hábitos** que conviene cuidar para evitar desequilibrios dietéticos:

- Evitar dietas con un contenido calórico muy elevado, ya que favorecen la obesidad y pueden provocar algunos tipos de diabetes. Evidentemente, tampoco son recomendables las dietas con un contenido calórico bajo.

- Disminuir la frecuencia de ingesta de los alimentos ricos en colesterol y grasas saturadas, por el riesgo cardiovascular que conllevan

- Evitar el abuso de alimentos que contengan grandes cantidades de conservantes, colorantes,… se trata de productos, en muchas ocasiones, de difícil metabolización, que incrementarán en última instancia, las tareas a realizar por el hígado.

- No abusar de alimentos excesivamente refinados, ya que en ellos se ha reducido el contenido en fibra, con las consecuencias que implica para la dinámica intestinal

- Evitar la ingestión de productos derivados del huevo que no hayan sido precocinados o fabricados hace tan sólo unas pocas horas

- Evitar dietas hiperproteicas. Los aminoácidos que sobran suelen ser eliminados por el hígado y el riñón, con lo que se incrementa inútilmente (porque no nos van a reportar nada estos nutrientes) el gasto energético de órganos muy útiles en otras acciones fisiológicas.

- Evitar la monotonía en las dietas, que suele tener por consecuencia la carencia recurrente de algún elemento no incluido.

- Asegurarse que los alimentos a ingerir han sido sometidos a procedimientos de esterilización y que no contienen ni agentes patógenos ni compuestos que puedan desencadenar toxicidad.

Las condiciones que hemos ido señalando como propias de una dieta equilibrada coinciden en gran medida en la dieta mediterránea, que ha sido escogida por especialistas en nutrición, desde los años 70, como modelo de dieta sana. Sus **principales características** son:

- Elevado contenido en alimentos de origen vegetal y muchos de ellos con **alto contenido en fibra**. Esto hace que sea una dieta calóricamente pobre.

- Numerosas **hortalizas** utilizadas como condimento (ajos, cebollas, pimiento, tomate,...).

- Gran cantidad de **vitaminas provenientes de frutas y verduras**, así como de algunas grasas (vitamina E del aceite de oliva)

- Se emplea **aceite de oliva** como base para freír y condimentar, con las ventajas que he comentado anteriormente.

- Las comidas suelen acompañarse de pequeñas cantidades de **vino**. Numerosos estudios confirman que las personas que acompañan sus comidas con un consumo moderado de vino, padecen enfermedades cardiovasculares con mucha menor frecuencia que aquellos que no beben o que lo hacen en exceso. Este demostrado efecto es particularmente visible con respecto al vino tinto, y parece ser causado por su elevado contenido en ácidos fenólicos y polifenoles. Pueden consultarse más efectos beneficiosos del vino sobre la salud en German, J.B y Walzem, R.L. (2000), ver bibliografía.

4. CONCLUSIÓN

He iniciado mi exposición definiendo los conceptos de nutrición y alimentación. Posteriormente me he centrado en describir las principales necesidades nutricionales del cuerpo y cómo los diferentes alimentos contribuyen a cubrirlas. Finalmente, he expuesto las principales patologías asociadas a un funcionamiento incorrecto de estos mecanismos y algunos hábitos recomendables para el consumidor. Con ello doy por finalizada mi exposición.

Bibliografía útil:

BELLIDO, D. y DE LUIS, D. (2006) "Manual de nutrición y metabolismo", 1°ed, Ed. Díaz de Santos

CORELLA, D. y ORDOVÁS, J.M. (2007) "Genes, dieta y enfermedades cardiovasculares", Investigación y Ciencia, Noviembre, N° 374

FLIER, J.S. y MARATOS-FLIER, E. (2007) "¿Por qué engordamos?", Investigación y Ciencia, Noviembre, N° 374

GERMAN, J.B. y WALZEM, R.L. (2000) "The health benefits of wine", Annual Review in Nutrition, 20, 561-593

NESTLE, M. (2007) "Dietética elemental", Investigación y Ciencia, Noviembre, N° 374

ORTEGA, A. y PUIG. M. (2007) "Alimentación y nutrición familiar", 1°ed, Ed. Altamar

OZELLI, K. L. (2007) "El cerebro y la comida", Investigación y Ciencia, Noviembre, N° 374

PINSTRUP-ANDERSEN, P. y CHENG, F. (2007) "Hambre, todavía", Investigación y Ciencia, Noviembre, N° 374

POPKIN, B.M. (2007) "Obesidad mundial", Investigación y Ciencia, Noviembre, N° 374

PRIMO YÚFERA, E. (1998) "Química de los alimentos", 1°ed, Ed. Síntesis

SÁNCHEZ-OCAÑA, R. (2007) "La nutrición de la A a la Z", 1°ed., Ed. Espasa-Calpe

STIX, G. (2007) "El sustento del mundo", Investigación y Ciencia, Noviembre, N° 374

0. INTRODUCCIÓN

Las aproximadamente 10^{13} células que forman el cuerpo humano viven inmersas en un medio acuoso. En este estado reciben señales y nutrientes, mientras les permite emitir señales, desechos e, incluso, nutrientes para otras células. Únicamente el 33% del volumen de líquido corporal, aproximadamente, está ubicado en la porción extracelular. Se trata, no obstante de un fluido fisiológicamente muy complejo: informativo (contiene numerosas hormonas), protector (alberga las células del sistema de defensa), amortiguador (permite una constancia en el pH, en la temperatura, en la osmolaridad,...), nutritivo (transporte de glucosa, ácidos grasos,... así como del O2 necesario para su completa oxidadción),... Trataré de exponer ordenadamente todas estas propiedades. Lo haré mediante la siguiente secuencia de contenidos... (es muy conveniente exponer con claridad, aquí al principio, el orden que se va a seguir, leer el índice de una forma ágil)

1. LA SANGRE Y SUS FUNCIONES

Podríamos definir la sangre como un líquido, de carácter viscoso, de color que oscila entre varios tonos de rojo según el contenido en O_2, que llena las cavidades del corazón y la luz de los vasos sanguíneos.

La sangre contiene numerosas células (que más adelante describiremos en detalle) que flotan en un líquido denominado plasma. Este líquido alberga, entre otros, unos componentes especiales, principalmente proteicos, que, al producirse una hemorragia, son capaces de formar entramados que evitan el escape de sangre desde los vasos sanguíneos al exterior. Este proceso, denominado coagulación, divide la sangre en dos componentes básicos: los que quedan atrapados en el coágulo (fibrina, plaquetas, otras proteinas) y un líquido denominado suero.

Describir procesos en los que la sangre participe de forma crucial, mecanismos que no funcionarían en ausencia de aporte sanguíneo, en definitiva, citar de forma detallada lo que algunos textos llaman "las **funciones de la sangre**" resultará forzosamente parcial en un texto de las dimensiones permitidas por este ejercicio de oposición. Citaré, por llamarlos así, grandes proyectos fisiológicos del cuerpo humano, que engloban muchos más, en los que la sangre resulta un elemento esencial. Son los siguientes:

- el **transporte de sustancias** (distribución de los nutrientes absorbidos, envío del colesterol sobrante al hígado, intercambio gaseoso en los pulmones, oxigenación de tejidos,...)

- el **transporte de la energía** cinética de sus partículas, es decir, de la temperatura y su distribución según las necesidades del cuerpo

- la **transmisión de señales químicas** (en la definición clásica de hormona siempre se habla de un compuesto químico, que actúa a concentraciones muy bajas, y que es distribuido por la sangre desde su lugar de síntesis a las células diana,... la sangre interviene de forma esencial en permitir este fenómeno sorprendente de difusión –que analizaremos en el tema 58- en el que unas células "hablando en voz baja" logran respuestas sistémicas

- **albergar el sistema de defensa** del cuerpo humano (muchos aspectos de la fisiología humana pueden ser desequilibrados como consecuencia de microorganismos patógenos. El tema 62 nos hablará de un conjunto de células, cuidadosamente seleccionadas y formadas durante el desarrollo embrionario, mantenidas por múltiples mecanismos durante toda la vida, que consiguen minimizar el efecto de gran cantidad de microorganismos que amenazan el funcionamiento del cuerpo. Que los mecanismos de detección del patógeno estén en el lugar adecuado es labor de la sangre, así como la distribución de las señales químicas de alarma que posibilitarán la lucha contra él)

- **aportar consistencia mecánica** en algunas ocasiones, por ejemplo, en la función de los tejidos eréctiles

2. COMPOSICIÓN DE LA SANGRE: INTERPRETANDO UN ANÁLISIS CONVENCIONAL

Me parece que una forma sencilla, práctica y ordenada de explicar la composición sanguínea es la interpretación de los datos que encontramos en un análisis de sangre típico. Desde una perspectiva académica, esta aproximación también resulta ventajosa por la familiaridad de alumnado con este tipo información, o la posibilidad de acceder a ella.

Un análisis de sangre se divide normalmente en dos grandes apartados: propiedades sobre las células y propiedades bioquímicas. Seguiré ese mismo orden.

2.1. Análisis de la fracción celular

En la sangre encontramos dos tipos de células (eritrocitos y leucocitos) y un tercer grupo de cuerpos celulares (en el que se incluyen las plaquetas). Hablaré de los tres grupos por separado:

2.1.1. Los eritrocitos

Se trata de unas células pequeñas, anucleadas, que están en concentraciones de ~5.2 millones/mm^3 en varones y ~4.7 millones/mm^3 en mujeres, y que son responsables de numerosas funciones de la sangre, de las que destacaré tres:

- el transporte de O_2 desde los pulmones a las células (este papel lo realizan gracias a la hemoglobina que contienen)

- el transporte de CO_2 desde las células a los pulmones (esto lo pueden realizar eficientemente dado que contienen anhidrasa carbónica, que acelera la conversión del CO_2 tisular en HCO_3^-, extremadamente soluble, por lo que los eritrocitos hacen que se puedan transportar grandes cantidades de esta molécula)

- el mantenimiento del pH sanguíneo. Los eritrocitos son los principales transportadores de bicarbonato y de los fosfatos que aseguran los mecanismos de amortiguación ácido-base en la sangre

La morfología de estas células es la de unos discos bicóncavos de ~8μm de diámetro y ~2.5 μm de grosor máximo. En su porción central, el grosor disminuye hasta ~1μm.

En un análisis sanguíneo encontramos el parámetro RBC, que se refiere al número de eritrocitos por ml de sangre. Los valores citados anteriormente serían promedios. Existe, no obstante, un rango de valores que entrarían dentro de la normalidad (entre ~4.3 millones y 5.9 millones por ml). Las condiciones que pueden hacer incrementar o disminuir este valor serán comentadas un poco más adelante, al hablar del hematocrito.

Podemos encontrar en una analítica normal algunos otros parámetros relacionados con los glóbulos rojos. Son los siguientes:

- Hemoglobina (HGB) → indica la concentración de esta proteína en sangre (expresada en g/l). Las fluctuaciones de este valor van muy asociadas a las de RBC. En situaciones de talasemia (enfermedad que explicaré en su sección correspondiente), no obstante, este valor puede ser muy bajo mientras que el RBC es elevado. Esto es debido al pequeño tamaño de los eritrocitos. Los valores normales de HGB están en el rango 12.5-17 g/l.

- Hemoglobina corpuscular media (HCM) → Nos informa de la cantidad de hemoglobina que contiene cada eritrocito. Su valor suele oscilar entre 27 y 32 pg, presentando valores mayores en casos de déficit de vitamina B_{12} o ácido fólico y valores menores en casos de escasez de hierro o en enfermedades como la talasemia que conlleva una reducción del volumen de los eritrocitos.

- Volumen corpuscular medio (VCM) → indica el tamaño promedio de los eritrocitos. Suele expresarse en fl (femtolitros) y oscila entre los 78 y los 100 fl. El consumo de alcohol, algunas patologías hepáticas, la escasez de ácido fólico o la de vitamina B_{12}, suelen ser causas de un incremento de este valor por encima de este rango. No obstante, tener los eritrocitos algo más grandes puede ser un carácter constitutivo de algunas personas y no responder exactamente a ninguna patología. Contrariamente, la talasemia y la carencia de hierro se asocian a VCM anormalmente bajos.

- Velocidad de sedimentación (VSG) → es un valor relacionado con la tendencia a la agregación de los eritrocitos y modulado por la cantidad de proteínas en sangre. Indican normalidad valores inferiores a 20ml/h. Es un indicador genérico de diversas situaciones patológicas: anemia, enfermedad inflamatoria crónica (lupus, artritis reumatoide, fiebre reumática, polimialgia reumática,...), infecciones diversas,...

2.1.2. Leucocitos

Se trata de los agentes celulares del sistema de inmunitario. Dado que este sistema se trata en detalle en el Tema 62, no me entretendré en las características de cada subtipo celular dentro de los leucocitos (convendría, en el ejercicio de oposición, hacer una referencia breve y ágil a ellos. Mirar T62 para más información).

La concentración de leucocitos en sangre (denominada WCC, del inglés "Withe Cell Concentration") puede oscilar entre 3500 y 11000 células/ml. Suele, no obstante, acompañarse este dato de la concentración desglosada por subtipos celulares. Así pues, los neutrófilos suelen encontrarse en el rango de

2000-7500/ml, seguidos de los linfocitos (1000-4500/ml), los monocitos (200-800/ml) y los eosinófilos (presentes en menor concentración).

La variación más notable debida a infecciones bacterianas es el incremento en el número de neutrófilos. Las infecciones víricas hacen aumentar los valores de linfocitos y monocitos, de la misma manera que las infecciones por parásitos. Los eosinófilos también se ven incrementados en este último caso, así como en condiciones de alergia o asma.

La infección de médula ósea (p.e. en tuberculosis), o su ocupación por tejido tumoral, pueden implicar un descenso en los niveles leucocitarios. En el mismo sentido, la acción de analgésicos potentes (como el metamizol magnésico – Nolotil®) o antibióticos muy agresivos (como el cloranfenicol) disminuyen el nivel de leucocitos en sangre.

2.1.3. Plaquetas

Se trata de fragmentos celulares pequeños (~3μm de diámetro), anucleados, provenientes de la fragmentación del citoplasma de los megacariocitos, las células más grandes de la médula ósea. Son, como explicaré en un apartado posterior, actores importantes en los procesos de coagulación, claves en el mantenimiento de la constancia del volumen sanguíneo. Resulta también muy importante su papel como mediadores en los procesos de inflamación, como veremos en el Tema 62. Su concentración oscila entre los 130000 y las 450000/ml.

Pueden encontrarse valores anormalmente altos (trombocitosis) en casos de hemorragia aguda o en algunos desórdenes de tipo mieloproliferativo, en los que la cantidad de plaquetas en sangre puede hasta triplicarse, elevando la probabilidad de trombosis y requiriendo tratamiento por quimioterapia.

Los valores anormalmente bajos pueden deberse a varias causas...

- infecciones graves que afecten a la médula ósea, como la tuberculosis
- enfermedad conocida como púrpura trombocitopénica idiopática, de tipo autoinmune, en la que la persona fabrica anticuerpos contra sus propias plaquetas
- otra enfermedad similar, pero mucho más rara, la púrpura trombocitopénica trombótica, que comentaré en su sección correspondiente
- condiciones en las que el bazo ha sufrido un incremento de volumen patológico, asociados generalmente a enfermedad hepática crónica
- tras la aplicación de heparina intravenosa, empleada en intervenciones quirúrgicas, para evitar embolia pulmonar o formación de trombos en vena profunda. Este signo en el análisis de sangre suele aparecer en el rango de 4-14 días tras la intervención
- otras patologías como la enfermedad de Gaucher y la anemia aplástica, que se detallarán en el último apartado

2.2. Análisis bioquímico de la sangre

2.2.1. Concentración de glucosa

En el ámbito sanitario es frecuente emplear la unidad de mg/dl. Valores entre 70 y 110 mg/dl estarían en la normalidad, siempre que el análisis haya sido realizado correctamente en ayunas. Valores en ayunas superiores a 126 mg/dl indican diabetes. Esta patología puede haber venido precedida por un periodo en el que el paciente presentaba valores entre 100 y 126 de forma continuada. Estos pacientes están en situación de intolerancia a la glucosa o pre-diabetes y suelen ser evaluados en su capacidad de gestionar un pico de ingestión de glucosa. Además de la diabetes, algunas infecciones, ciertos medicamentos (como los corticoides) o enfermedades como el síndrome de Cushing aumentan la glucemia.

Una causa común de hipoglucemia es el ayuno excesivamente prolongado. La persona experimenta una típica "bajada de azúcar" que cursa con mareo, sudores y posible desmayo (que es el síntoma de mayor riesgo). Otra causa, relativamente habitual, de hipoglucemia es el exceso en el consumo de fármacos antidiabéticos. Algunos tumores pancreáticos, que incrementan la producción de insulina, tienen un efecto análogo, aunque son muy raros.

2.2.2. Creatinina

Es una proteína que viaja desde el músculo al riñón, para ser eliminada. En consecuencia, niveles altos nos indican o bien masa muscular elevada o bien una dificultad en su eliminación. Ésta puede venir porque el riñón funciona lento fisiológicamente debido a que no se han ingerido muchos líquidos, o a una obstrucción en las vías urinarias asociada, generalmente, a la presencia de cálculos o a un aumento del tamaño de la próstata. Sus niveles decrecen en situaciones de desnutrición (masa muscular reducida). Este último efecto es bastante frecuente en ancianos. Son valores normales de creatinina en sangre aquellos que están en el rango 0.6-1.2 mg/dl.

2.2.3. Colesterol

El colesterol puede viajar en sangre de varias formas, atendiendo a su destino, como ha sido comentado en el tema 54 (nutrición). El colesterol HDL viaja al hígado para ser transformado o eliminado. El colesterol LDL viaja a los tejidos y es, casualmente, el que tiene mayor riesgo de adherencia al endotelio y formación de placas de ateroma. Por esta razón, los valores de colesterol suelen darse desglosados en tres cifras:

-   colesterol total (0-200 mg/dl). No se refiere exactamente a la suma de las dos cifras siguientes, aunque sí es un reflejo de ella. No tiene por qué ser un signo de alarma, ya que puede estar asociado exclusivamente a un incremento de colesterol-HDL, que no requeriría tratamiento

- colesterol LDL. Se trata del colesterol "malo", asociado a riesgo de patologías coronarias. Niveles inferiores a 135 mg/dl se consideran correctos, aunque en personas con antecedentes de accidente cardiovascular se es más exigente tratando que se mantengan por debajo de 100 mg/ml.

- colesterol HDL. Se considera una medida del nivel de protección del sistema cardiovascular. Son deseables valores superiores a 35 mg/dl, pero si son muy superiores resulta aún más beneficioso, por lo que algunos tratamientos se encaminan en este sentido.

Las dietas ricas en grasas saturadas (de origen animal) y algunas patologías como la hipercolesterolemia familiar provocan un aumento de estos valores.

2.2.4. Triglicéridos

Es una medida de las grasas circulantes. Si valor debe oscilar, en personas sanas, entre 0 y 150 mg/dl. Aumenta si la dieta es especialmente rica en grasas, en algunos casos de enfermedad genética (como la hipertrigliceridemia familiar) o como consecuencia de algunos hábitos (alcohol, tabaco,...)

2.2.5. Bilirrubina

Se mide la concentración de este lípido en sangre. Es una forma de evaluar el funcionamiento correcto tanto del hígado como de la vesícula biliar. Valores elevados pueden indicar lesiones hepáticas, infecciones como las diversas formas de hepatitis, presencia de cálculos en la vesícula biliar. En ocasiones, un incremento de bilirrubina en sangre indica un exceso en la tasa de destrucción de los eritrocitos, que se efectúa en el hígado, aprovechando el grupo hemo para fabricar este pigmento biliar. Los valores normales de bilirrubina en sangre suelen estar en el rango 0.2-1 mg/dl.

2.2.6. Transaminasas

Se trata de enzimas clave en el metabolismo aminoacídico y en su conexión con otras rutas metabólicas, y son particularmente abundantes en el interior de células hepáticas. E por ello que su medición en sangre es un parámetro más de evaluación de la función hepática. Suelen darse tres valores (GOT-ALT, GPT-AST y GGT). Los dos primeros suelen tener valores inferiores a ~40 U/l, mientras que el rango de normalidad de GGT está entre 11 y 55 U/l.

Su aumento en sangre es un indicador claro de destrucción de tejido hepático, que puede darse por varias causas:

- hepatitis víricas (comentadas en el tema 52 sobre el sistema digestivo)
- acumulación excesiva de grasa en hígado

- consumo de alcohol (si la alteración proviene de aquí, suele haber un signo claro: los valores de GGT son elevados, y los de GOT-ALT son superiores a los de GPT-AST)
- tumores, quistes infecciosos, que incrementan el volumen hepático
- obstrucción de la vía biliar por cálculos

2.2.7. Fosfatasa alcalina

Sus valores normales oscilan entre 40 y 129 U/l. Es una enzima cuyo amento puede indicar algunas situaciones especiales (patológicas o fisiológicas), normalmente relacionadas con los huesos:

- crecimiento óseo
- recuperación de fracturas óseas
- déficit específico de vitamina D y raquitismo asociado
- infecciones o inflamaciones óseas, infiltración de tumores en huesos
- consumo excesivo de algunos anticonceptivos orales o fármacos antiepilépticos
- obstrucciones de la vía biliar

3. BIOSÍNTESIS Y ELIMINACIÓN DE LAS CÉLULAS SANGUÍNEAS

La mayoría de las células que forman parte del fluido sanguíneo se fabrican en la médula ósea en un proceso denominado hematopoyesis, que puede subdividirse en dos subprocesos

- eritropoyesis → producción de glóbulos rojos
- mielopoyesis → producción de leucocitos y plaquetas (gran parte de este proceso se completa en glándulas linfoides secundarias, como se verá en el tema 62)

Durante la infancia, casi todos los huesos del cuerpo fabrican células sanguíneas. Al llegar a la edad adulta, este proceso queda restringido a los huesos largos, las vértebras, el esternón, las costillas, los huesos de la pelvis y algunos de los huesos de la zona superior de brazos y piernas.

Los eritrocitos tienen una vida media de 120 días. Tras este periodo, son conducidos al bazo y al hígado, donde son degradado por macrófagos específicos (en el hígado conocidos como células de Küpfer).

4. OTRAS PROPIEDADES DE LA SANGRE

4.1. Hematocrito

El porcentaje del volumen sanguíneo ocupado por células se denomina hematocrito. Presenta valores de 40-42 para hombres y 38-40 en mujeres, aunque diversos factores pueden incrementarlo...

- la administración de hormonas como la eritropoyetina
- la aclimatación a condiciones de baja concentración de O_2, como puede derivarse de vivir en zonas elevadas (ej: La Paz, 3500 m de altura)
- la enfermedad pulmonar obstructiva crónica (EPOC), tabaquismo, bronquitis crónica y otras situaciones que someten al organismo a niveles continuos de hipoxia, estimulando la producción renal de eritropoyetina
- desórdenes mieloproliferativos de la médula ósea, como la policitemia vera

...o disminuirlo

- la anemia (cuyas causas detallaré en la sección final dedicada a las enfermedades)
- algunas infecciones que llegan a médula ósea. Un ejemplo clásico es la intrusión de tuberculosis en esta zona

Algunos manuales de fisiología (Guyton-Hall'2003) señalan como máximo/mínimo encontrados en personas vivas los valores de 65 y 10

4.2. Grupos sanguíneos

Se trata de una serie de variables que ayudan a la clasificación de los tipos de sangre de acuerdo a la presencia/ausencia de ciertos antígenos en ella. Existen diversos grupos de variables (sistemas de grupos sanguíneos), que iré exponiendo a continuación. Para cada sistema, es importante determinar a qué grupo pertenece una muestra de sangre, ya que esto evita complicaciones, que pueden ser muy graves, en terapias como la transfusión o el trasplante de órganos.

a) **Sistema ABO**, es el más conocido e importante. Presenta tres grupos sanguíneos (A, B y 0), dependiendo de la estructura que tenga el antígeno H, un esfingolípido glucosilado. Si su fracción glucídica consta de una cadena simple de 4 monosacáridos (galactosa, N-acetilglucosamina, galactosa y fucosa), tenemos el grupo 0. Si, a nivel de la tercera galactosa, se ramifica con una N-acetilgalactosamina, tenemos el grupo A. Si esta última ramificación consta de una galactosa, tenemos el grupo B. El sistema ABO fue descrito por primera vez por el científico austriaco Karl Landsteiner en 1900 (por lo que recibió el Premio Nobel de Medicina en 1930).

b) **Sistema Rhesus (Rh)**, es el segundo en importancia en las transfusiones de sangre convencionales. Existen 5 antígenos Rh (C, c, D, E y e), aunque el factor Rh clásico hace referencia únicamente al antígeno D. La práctica más usual en un análisis de sangre es mirar si la persona es RhD positivo o negativo (y se han estandarizado los términos Rh+/- para estos casos). El factor Rh fue descubierto en unos experimentos de Karl Landsteiner y Alexander Wiener, que mostraban, en sus conocidos experimentos de 1937, cómo ratones inmunizados con eritrocitos de monos Rhesus (*Macaca mulatta*), fabricaban un anticuerpo capaz de aglutinar estas células. Estos resultados fueron introducidos en su significado médico, y descritos como causa de la enfermedad hemolítica del recién nacido, por el médico ruso-estadounidense Philip Levine poco más tarde.

Actualmente (2007), la **Sociedad Internacional de Transfusión de Sangre** (ISBT, en sus siglas inglesas), reconoce 29 sistemas diferentes de grupos sanguíneos, entre los que se incluyen los dos ya citados, que son los más importantes. Según esta institución, referencia internacional en el estudio de las transfusiones sanguíneas desde su fundación en 1935, se **define** como **sistema de grupos sanguíneos** a todo aquel **conjunto de dos o más antígenos controlados por un único locus genético o por dos tan cercanos entre sí que no se aprecie recombinación entre ellos**.

4.3. Concentración de gases

La sangre contiene básicamente dos gases cuyas fluctuaciones resultan fisiológicamente relevantes: el O_2 y el CO_2.

La mayor parte del **oxígeno** presente en la sangre (~99%) va unido no covalentemente a la hemoglobina. Existe tan sólo un pequeño porcentaje (~1%) desligado de hemoglobina y disperso en la fracción disuelta.

El nivel de saturación de la hemoglobina con O_2 en vena pulmonar (recién cargada de oxígeno) es casi del 99%. Al recorrer el cuerpo y regresar a los pulmones, su nivel de saturación sólo se reduce hasta un 75%. Esto ocurre en condiciones normales. En caso de ejercicio físico intenso, este nivel puede reducirse hasta el 15%. No obstante, dado que la frecuencia respiratoria y cardiaca se aumentan acordemente al ejercicio, en vena pulmonar volvemos a encontrar niveles próximos al 95%.

Estos datos nos ayudan a ver cómo el cuerpo humano ha desarrollado mecanismos para evitar la hipoxia arterial. De hecho, niveles bajos de hipoxia, como los que se alcanzan en algunas intervenciones quirúrgicas tras la anestesia, pueden tener consecuencias graves, e incluso un desenlace fatal si se llega a niveles arteriales menores del 30%.

En el estado de feto, la sangre de la persona es sometida a presiones parciales de oxígeno muy inferiores a las que encontrará tras el parto (~21% de lo que se encuentra en los pulmones adultos). Para transportar oxígeno eficientemente en estas condiciones se emplea otra proteína, denominada hemoglobina fetal, cuya afinidad por este gas es muy superior.

En cuanto al CO_2, señalar que circula en sangre principalmente disuelto en plasma en forma de bicarbonato constituyendo el principal sistema amortiguador del pH. Es la anhidrasa carbónica del interior de los eritrocitos la encargada de acelerar el paso de CO_2 a bicarbonato. Puede circular también unido a hemoglobina y otras proteínas formando asociaciones como la carbaminohemoglobina. Adicionalmente, una pequeña concentración de CO_2 viaja disuelta en su forma neutra.

Finalmente, hablaré de un gas que, si bien no es mayoritario, puede aparecer en ocasiones en sangre, con efectos muy peligrosos. Se trata del **monóxido de carbono**. Este gas compite con el O_2 por el sitio de unión a hemoglobina (Hb). Su interacción con esta proteína no sólo presenta una afinidad mayor que la correspondiente a la unión Hb-O_2, sino que además presenta cierto carácter irreversible. En resumen, la Hb prefiere unir monóxido y, una vez unido, le cuesta mucho desprenderse de él. Este mecanismo concluye en una saturación de las moléculas de Hb sanguínea con monóxido, con la consecuente incapacidad de la sangre para captar O_2.

5. EVITAR PÉRDIDAS DE SANGRE: MECANISMO DE COAGULACIÓN

Comentaré a continuación el mecanismo de la coagulación de la sangre. No obstante quisiera hacer notar que no es el único mecanismo encargado de la homeostasis (entendida como mantenimiento de la constancia del volumen sanguíneo) en el cuerpo humano. Conviene recordar, a este respecto, el efecto de vasoconstricción ejercido por ciertos reflejos nerviosos tras la rotura de un vaso, o mediante el tromboxano A, vasoconstrictor local liberado por las plaquetas.

Entendemos por coagulación aquel proceso de frenado de una hemorragia mediante la formación rápida de un tejido constituido por un entramado de polímeros proteicos de fibrina en los que quedan retenidas un gran número deplaquetas y otros factores accesorios. Se trata de un mecanismo en cascada, en el que un factor es activado y queda entonces habilitado para activar a otro elemento distinto de la cadena, que actúa de forma análoga en un nivel inferior. El punto final de esta cadena, en la que intervienen un total de 15 factores proteicos (factores de coagulación), es la formación de monómeros de fibrina y su polimerización en estructuras fibrosas, sobre las que se unen numerosas que han sido previamente activadas.

6. LA LINFA

La linfa es el líquido que recorre un conjunto especial de vasos denominado sistema linfático. La anatomía de este sistema de circulación ha sido expuesta en el tema 53, así como las funciones de la linfa. Como el título de este tema 55 también la incluye, considero oportuno que se cite explícitamente el punto 6 del tema 53 y se complete con la descripción del tejido linfoide (tema 63).

7. LOS LÍQUIDOS INTERSTICIALES

Se trata del líquido que rellena los espacios entre las células, facilitándoles el acceso al alimento y la posibilidad de ceder sus residuos, señales o nutrientes al torrente sanguíneo general, desde donde serán gestionados.

Este líquido, que en humanos consiste en ~11 litros, no tiene una composición que pueda establecerse con precisión. Puede hacerse un listado de compuestos que es previsible encontrar en él, pero esta composición variará con la situación concreta que esté atravesando el cuerpo. Por ejemplo, el hígado puede enviar glucosa a sangre mediante degradación del glucógeno. En ese momento, el intersticio que rodea a los hepatocitos presentará concentraciones de glucosa anormalmente altas. Lo mismo ocurrirá con el intersticio de los islotes de Langerhans pancreáticos tras una comida, o con el intersticio entre los enterocitos tras la ingestión de un fármaco determinado.

Es cierto que podría hablarse de promedios o composición general del líquido intersticial, pero una aproximación científica sincera a este punto requeriría un número tan elevado de muestreos diferentes, que resulta por lo menos prudente dudar de las fuentes que reportan tablas acerca de estos valores. Por lo tanto, no hablaré de composición de los líquidos intersticiales porque, en resumen, los manuales consultados siempre llegan a un punto común: podemos encontrarlo todo (azúcares, ácidos grasos, otros lípidos, hormonas, leucocitos, proteínas plasmáticas,...) y sus concentraciones varían según nos dicte la lógica del proceso en cuestión.

8. HÁBITOS SALUDABLES

Podrían señalarse una serie de buenas prácticas a tener en cuenta con respecto a un correcto funcionamiento del medio interno...

- procurar una dieta que suministre buenos niveles de hierro y vitaminas como la B_{12} o el ácido fólico

- conocer el propio grupo sanguíneo y llevarlo consigo

- evitar el tabaco y las dietas ricas en colesterol, ya que disminuyen la fluidez sanguínea

- procurar ejercicio físico frecuente, favorece la circulación, y evitar estar mucho tiempo de pie de forma estática, ya que se aumenta la probabilidad de sufrir edemas

9. PRINCIPALES ENFERMEDADES

9.1. Relacionadas con los eritrocitos y la hemoglobina

9.1.1. Anemias

Se dice, en el entorno clínico, que una persona padece **anemia cuando su nivel de eritrocitos se ve reducido o la concentración de Hb es baja.** Suele acompañarse de los siguientes síntomas: debilidad, disnea, palpitaciones ocasionales,...

Un caso muy típico de anemia es aquella que se produce por **falta de hierro.** Se caracteriza porque los eritrocitos aparecen más pálidos y pequeños de lo normal. Su causa más normal es una dieta deficitaria, aunque puede producirse por hemorragias gastrointestinales.

Otro tipo de anemia es la **anemia aplástica**, de origen autoinmune, en la que la médula ósea no fabrica eritrocitos suficientes.

La **anemia megaloblástica** se caracteriza por la producción de eritrocitos afuncionales anormalmente grandes. Su causa suele ser un déficit de vitamina B_{12} o de ácido fólico. Una patología asociada a esta es la **anemia perniciosa**, en la que las células parietales del estómago, productoras del factor intrínseco necesario para la absorción de vitamina B_{12}, sufren un ataque autoinmune.

9.1.2. Hemoglobinopatías

Se trata de alteraciones genéticas que redundan en una síntesis defectuosa de la hemoglobina. Son casos particulares de anemia, pero he preferido ubicarlos en este apartado porque su defecto de origen tiene que ver con la fabricación de la hemoglobina. Las dos más conocidas son...

- **anemia falciforme**. Fue descrita en 1910 por un médico de Chicago (James B. Herrik). Fue objeto de estudio durante años y, en 1949, el equipo de trabajo de Linus Pauling determinó que se originaba a raíz de un defecto genético en la síntesis de hemoglobina. Se trata de una sustitución aminoacídica de la posición 6, que resulta en una deformación estructural externa de los eritrocitos (adquieren formas irregulares) y una afinidad reducida por el oxígeno. Curiosamente, esta deformación estructural confiere resistencia a la infección por Plasmodium falciparum, por lo que los pacientes de anemia falciforme resultan ser inmunes ante la malaria.

- **talasemias**. Son el resultado de una reducción en la velocidad de síntesis de alguna de las cadenas de la hemoglobina. Los síntomas asociados son muy similares al resto de anemias

9.2. Relacionadas con los leucocitos

Hay numerosos desórdenes proliferativos asociados a los leucocitos. Todos ellos, no obstante, no serán tratados en profundidad. Serían más propios del tema 62.

9.3. Relacionados con las plaquetas y la coagulación

La **púrpura trombocitopénica trombótica** (enfermedad de Moschcowitz) se caracteriza por la formación de numerosos trombos de forma incontrolada. Su causa más común es un defecto en la inhibición del enzima ADAMTS13, responsable de romper el factor de von Willebrand. Suele tratarse mediante plasmaféresis (extracción, tratamiento externo y reincorporación del plasma sanguíneo en la circulación general). Existen otros tipos de trombocitopenias, como la **púrpura trombocitopénica idiopática** o la **inducida por heparina**.

9.4. Relacionadas con los grupos sanguíneos

La **enfermedad hemolítica del recién nacido** (eritroblastosis fetal) consiste en que la madre produce anticuerpos contra los antígenos Rh de los eritrocitos de su propio hijo, atacando sus células sanguíneas y pudiendo producir diversos grados de hemólisis y, con elevada frecuencia, la muerte del feto.

Otra condición anormal que podríamos incluir en este apartado final es el **rechazo de las trasfusiones sanguíneas u órganos trasplantados**. Para evitar estas reacciones drásticas, se provoca una fuerte inmunosupresión en el receptor del nuevo órgano. Muy recientemente (2007) algunos estudios, concretamente con trasplantes de riñón, apuntan a que esta práctica convencional podría ser la causa de una mayor frecuencia de aparición de tumores secundarios.

9.5. Relacionadas con el proceso de coagulación

El defecto hemostático por excelencia (incapacidad de coagulación) se conoce como **hemofilia**. Es debida a la dificultad en la síntesis de alguno de los factores de la cascada de coagulación. Las más frecuentes son la hemofilia A (causada por carencia de factor VIII) y la hemofilia B (provocada por ausencia de factor IX). En contra de lo que muchas veces se indica, los síntomas más frecuentes de la hemofilia no son sangrados externos incontrolados sino hematomas internos más intensos tras algún proceso traumático.

El efecto antagónico a la hemofilia puede verse en las **trombosis**, formación de coágulos sanguíneos sin que sean causados por hemorragias previas.

10. CONCLUSIÓN

He iniciado mi exposición explicando las funciones de la sangre para pasar a exponer, mediante la lectura comentada de un análisis de sangre convencional, su composición. Posteriormente me he centrado en algunas otras propiedades de este fluido y he dedicado un espacio a otros componentes del medio extracelular como son la linfa y el líquido intersticial. Tras un breve comentario de los hábitos saludables, he finalizado mi exposición exponiendo las principales patologías relacionadas con el medio interno.

Bibliografía útil:

GUYTON, A.C. y HALL, J.E. (2003) "Tratado de fisiología médica", 10ºed, Ed. McGraw-Hill

MUÑOZ, J. (2005) "Fundamentos y técnicas de análisis hematológicos y citológicos", 1ºed, Ed. Masson

TORTORA, G.J. y GRABOWSKY, S.R. (2005) "Principios de anatomía y fisiología", 9ºed, Ed. Oxford.

THIBODEAU, G.A. y PATTON, K.T. (2007) "Anatomía y fisiología", 4ºed, Ed. Interamericana-McGraw-Hill

www.ingramcontent.com/pod-product-compliance
Lightning Source LLC
Chambersburg PA
CBHW070908180526
45168CB00005B/1970